# 처음 3분간
우주의 근원을 찾아서

디아스포라(DIASPORA)는 독자 여러분의 책에 관한 아이디어와 원고 투고를 기다리고 있습니다. 디아스포라는 전파과학사의 임프린트로 종교(기독교), 경제·경영서, 일반 문학 등 다양한 장르의 국내 저자와 해외 번역서를 준비하고 있습니다. 출간을 고민하고 계신 분들은 이메일 chonpa2@hanmail.net로 간단한 개요와 취지, 연락처 등을 적어 보내주세요.

## 처음 3분간
우주의 근원을 찾아서

—
초판 1쇄 발행 2002년 02월 20일
개정 1쇄 발행 2025년 11월 25일
—
**지은이** S. 와인버그
**옮긴이** 김용채
**발행인** 손동민
**디자인** 오주희
—
**펴낸곳** 전파과학사
**출판등록** 1956년 7월 23일 제 10-89호
**주　소** 서울시 서대문구 증가로18, 204호
**전　화** 02-333-8877(8855)
**팩　스** 02-334-8092
**이메일** chonpa2@hanmail.net
**공식 블로그** http://blog.naver.com/siencia

**ISBN** 979-11-94832-32-4 (03440)

• 이 책은 저작권법에 따라 보호받는 저작물이므로 무단전재와 무단복제를 금지하며, 이 책 내용의 전부 또는 일부를 이용하려면 반드시 저작권자와 전파과학사의 서면동의를 받아야 합니다.
• 파본은 구입처에서 교환해 드립니다.

# 처음 3분간

우주의 근원을 찾아서

**S. 와인버그** 지음 | **김용채** 옮김

**전파과학사**

# 머리말

　이 책은 내가 1973년 11월, 하버드대학의 과학관 개관식에서 진행한 강연에서 비롯되었다. 베이직 북스(Basic Books)의 사장 겸 출판인인 어윈 글라익스가 우리 공통의 친구인 다니엘 벨로부터 이 강연을 전해 듣고 나에게 책으로 만들 것을 종용했다.
　처음에는 이런 생각에 그다지 열의가 없었다. 비록 내가 때때로 우주론에 관해 조금씩 연구를 하고는 있었지만, 나의 연구는 아주 미시적 물리학인 소립자 이론에 훨씬 더 많이 관계되고 있었다. 더군다나 소립자 물리학은 지난 수십 년 동안에 놀라우리만큼 활발한 양상을 보였는데, 나는 여러 가지 잡지에 비전문적인 글을 쓰느라고 소립자 물리학을 떠나 너무 오랜 시간을 보내고 있었다. 그래서 나는 내 본고장인 "피지컬 리뷰(Physical Review)"에 다시 전념하기를 몹시 바라고 있었다.
　그러나 초기우주에 관한 책을 쓸 생각은 머리에서 지울 수가 없었다. 창세기의 문제보다 더 재미있는 것이 또 있을까? 또한 소립자 이론의 문제들과 우주론의 문제들이 만나는 것도 우주의 시초, 특히 처음 100분의 1초 동안이다. 무엇보다도 지금이 초기우주에 대해 글을 쓰기에 가장 적절한 시기인 이유는, 지난 10년 동안 초기우주에서 벌어진 일들을 설명하는 상세한 이론이 널리 '표준 모델(standard model)'로 인정받았기 때문이다.

'처음 1초, 처음 1분, 또는 처음 1년의 마지막 순간에 우주가 어떤 모습을 보이고 있었나' 바로 그것을 이야기할 수 있다는 것은 정말 놀라운 일이다. 물리학자에게 사물을 수치로 표시하고, 이러이러한 시점에 우주 온도와 밀도, 그리고 화학적 조성이 이러이러한 값을 가졌었다고 이야기할 수 있다는 것은 황홀하기까지 한 일이다. 물론 우리가 이 모든 것에 관해서 절대적인 확신을 가질 수 없으나, 이제 이런 것들을 어느정도 자신을 가지고 말할 수 있는 것만도 흥겨운 일이다. 내가 독자에게 전달하고자 하는 것이 바로 이러한 흥분이다.

이를 위해 이 책이 어떤 독자를 위하여 의도되었는지 이야기해 두는 것이 좋겠다. 나는 '좀 복잡한 논의를 받아들일 용의는 있지만, 수학이나 물리학에 정통하지 않은 사람'을 염두에 두고 썼다. 비록 상당히 복잡한, 약간의 과학적 개념들이 도입되기는 하지만 산술 이상의 어떠한 수학도 이 책의 본문에서는 사용하지 않았고, 물리학이나 천문학의 어떤 예비지식도 가정하지 않았다. 처음으로 사용할 때마다 과학 용어를 정의하는 데 신중히 하려고 노력했으며, 더욱이 물리학과 천문학 용어의 어휘집을 보충해 두었다(208페이지). 또 가능한 한 어디서나 보다 편리한 과학적인 표기:

$10^{11}$ 따위보다는 "1,000억"처럼 수를 말로 풀어서 썼다.

그러나 이것은 내가 쉬운 책을 쓰려고 노력했다는 뜻은 아니다. 어떤 법률가가 일반 대중을 위해 글을 쓸 때, 그는 이 사람들이 프랑스법이나 혹은 영구재산 반대율을 알고 있지 않을 것이라고 가정하겠지만, 그렇다고 그들을 과소평가하거나 우쭐대지는 않는다. 이에 칭찬을 보내고 싶다. 나는 나의 전용 언어를 사용하지는 않았지만, 그럼에도 불구하고 자신의 견해를 세우기 전에 어떤 설득력 있는 논의에 귀를 기울이려고 하는 노련한 변호사와 같은 독자를 상상한다.

이 책의 논의에 밑바탕이 되는 약간의 계산을 알고 싶어하는 독자를 위해서는 "수학적 보충"을 준비해서 본문 뒤에 붙여두었다(224페이지). 여기에 사용된 수학의 수준은 자연과학 또는 수학 계통의 대학생이면 누구나 이해할 수 있는 정도이다. 다행히 우주론에서 가장 중요한 계산들은 다소 간단하고, 일반 상대론과 핵물리학의 복잡한 문제들은 단지 여기저기에 간간이 나올 뿐이다. 이 논제를 더 전문적인 수준에서 추구하고 싶은 독자는 "참고문헌"(242페이지)에 수록된 고급 논문들을(내 것을 포함해서) 참조하면 좋을 것이다.

내가 이 책에서 어떤 주제를 다루려고 하는가를 명백히 해야겠다. 이 책은 결코 우주론의 모든 면모에 관해 쓴 것이 아니다. 우주론에는 주로 현재 우주의 대국적 구조와 관계되는 주제인 "고전적" 부분이 있는데, 나선 성운의 은하 외적 본질에 관한 논쟁, 먼 은하들의 적색편이 발견과 그들의 거리에의 의존성, 아인슈타인, 드 지터, 르메트르 및 프리드만의 일반상대론적 우주론 등등이 그것이다. 우주론의 이 부분은 많은 유명 서적에 아주 잘 기술되었으니, 여기에 한 번 더 해설할 의도는 없다. 이 책은 초기우주, 그것도 특히 1965년에 우주의 초단파 배경복사의 발견에서 발전된 초기우주의 새로운 이해에 관한 것이다.

물론 우주의 팽창 이론은 초기우주에 관한 우리의 현재 견해에 본질적인 요소가 되어 있으므로, 나는 2장에 어쩔 수 없이 우주론의 보다 "고전적" 면모에 관해 짧은 소개를 해야 했다. 이 장은 책의 나머지 부분이 취급할 초기우주 이론에 관한 최근의 발전을 이해하기 위해 우주론에 아주 생소한 독자에게도 적당한 기초 지식을 마련해 줄 것으로 믿는다. 하지만 우주론의 옛 부분에 완전한 입문을 원하는 독자는 "참고문헌"에 수록된 책을 참고하기 바란다.

한편, 나는 우주론의 최근 발전사를 체계적으로 다룬 역사적 해설을 좀처럼 찾을 수 없어, 결국 스스로 자료를 파고들 수밖에 없었다. 특히 '왜 우주배경복사는 1965년 이전에 발견되지 못했을까?'라는 질문은 유독 흥미롭게 다가왔다(이것은 4장에서 논의한다). 이것은 내가 이 책을 이러한 발달의 결정적인 역사로 간주한다는 이야기가 아니다. 그렇게 하기에는 과학사의 기술(記述)에 필요한 세부 사항에 쏟는 주의와 노력에 대해 너무나 큰 존경을 가지고 있기 때문이다. 그보다는 차라리 어떤 과학사가(科學史家)가 이 책을 출발점으로 삼아 지난 30년 동안 우주론의 연구에 관한 적당한 역사를 써 준다면 기쁘겠다.

이 원고를 출판하는 데 있어 귀한 조언을 해준 어윈 글라익스와 "베이직 북스"의 파렐 필립스에게 감사한다. 이 책을 쓰는 데 물리학과 천문학 분야의 내 동료들의 친절한 조언으로 받은 도움은 말로 표현하기 어렵다. 이 책을 읽고 여러 부분에 비평을 해준 데에 특히 램프 엘퍼, 버나드 버크, 로버트 디키, 조지 필드, 게리 파인버그, 윌리엄 파울러, 그리고 로버트 왜고너에게 감사한다. 또 아이작 아시모프, 버나드 코엔, 마사 릴러, 그리고 필립 모리슨에게는 여러 가지 특별한 논제에 관한 정보를 준 데에 감사한다. 특별히 나이젤 캘더에게는 초고 전부를 읽고 세심한 비평을 해준 데에 감사한다. 나는 이 책이 전혀 오류와 모호함이 없다고 장담할 수는 없지만, 다행히 내가 얻을 수 있었던 이 모든 관대한 도움으로 훨씬 더 명료해지고 정확해졌다고 확신한다.

1976년 7월 매사추세츠 케임브리지에서
스티븐 와인버그

## 차례

머리말  5

제1장 서론: 거인과 소 | 15

제2장 우주의 팽창 | 25

제3장 우주의 초단파 배경복사 | 71

제4장 뜨거운 우주의 요리법 | 113

제5장 처음 3분간 | 141

제6장 역사적 전환 | 165

제7장 처음 100분의 1초 | 179

제8장 후기: 앞으로의 전망 | 201


어휘집   208
수학적 보충   224
참고 문헌   242
역자 후기   249

제1장

# 서론: 거인과 소

우주의 근원은 1220년경 아이슬란드의 귀족 스노리 스투를루손(Snorri Sturleson)이 수집한 고대 스칸디나비아의 신화집, 「신 에다(*Younger Edda*)」에서 이렇게 설명된다.

"시초에는 아무것도 없었다. 땅도 없었고 위로는 하늘도 없었으며, 하품하는 골짜기가 있었으나 풀포기는 아무 데도 없었느니라. 허무의 남쪽에는 무스펠하임이, 북쪽에는 서리의 세계 니플하임이 있었다. 무스펠하임에서 나온 열기는 니플하임의 얼음을 녹였고, 이 물방울에서 이미르라는 거인이 나왔다. 이미르는 무엇을 먹고 살았지? 거기에는 아우둠라라는 소 한 마리가 있었다. 그럼 그 소는 무엇을 먹고 살았지? 그래, 거기에는 또 소금이 좀 있었다." 신화는 이렇게 계속된다.

"나는 어느 누구의 종교적 감수성도, 바이킹의 종교적 감수성조차도 건드리고 싶지 않다. 그러나 내가 보기에는 이것이 우주의 근원에 관한 아주 만족스러운 상상이 아니라 해도 틀리지는 않은 줄로 안다. 전설의 근거에 대한 온갖 반박은 제쳐두고라도 이 이야기는 대답만큼이나 많은 질문을 일게 하고, 대답마다 초기 조건에 있어 새로운 복잡성을 더 요구한다."

우리는 이 이야기를 단순히 웃어넘기고 우주 개벽에 관한 추측을 단호히 거부해 버릴 수 없다. 우주의 역사를 그 시초에까지 추구하려는 충동은 불가항력적이다. 16세기, 17세기에 현대 과학이 시작된 이래, 물리학자와 천문학자들은 되풀이해서 우주 근원의 문제로 되돌아오곤 했다.

그러나 이러한 연구의 주위에는 항상 평판 나쁜 체취가 감돌고 있었다. 내가 대학생이었을 때, 그리고 그 후 1950년대에 (다른 문제에 관한) 내 자신의 연구를 시작할 무렵에도 초기우주의 연구는 존경할 만한 과학자라면 아까운 시간을 바쳐서 할 일이 못 된다고 널리 여겨졌던 것을 기억한다. 이런 판단이 당시에는 무리한 것도 아니었다. 대부분의 현대물리학과 천문학의 역사를 통해 초기우주의 역사를 세울 관측적이고 이론적인 적당한 기초가 아예 없었기 때문이다.

지난 10년 동안에 이 모든 것은 변했다. 초기우주의 한 이론은 천문학자들이 때로는 "표준 모델(standard model)"이라고 부를 만큼 널리 인정받게 되었다. 이 이론은 때때로 "빅뱅(big bang)" 이론이라 불리는 것과 어느정도 같은 것이지만, 우주의 내용물에 대해 훨씬 더 상세한 처방이 보충되었다. 이 초기우주의 이론이 이 책의 주제이다.

이야기의 방향을 알기 위해 현재 표준 모델에서 이해되고 있는 대로 초기우주 역사의 개요부터 시작하는 것이 유익하겠다. 이것은 짧게 훑어보는 것일 뿐이고, 다음 장에서 이 역사의 세부 사항과 그것을 믿을 수 있게 하는 근거를 설명할 것이다.

처음에 한 폭발이 있었다. 지상에서 우리가 익히 아는 폭발, 곧 일정한 중심에서 시작해서 퍼져나가면서 점점 주위의 공기를 휘말아 들이는 그런 폭발이 아니다. 어디서나 동시에 일어나서 처음부터 전 공간을 채우고, 모든 물질의 입자가 다른 모든 입자로부터 서로 떨어져 나가는 폭발이었다. 여기서 말한 "전 공간(全空間)"이란 무한한 우주의 모든 것을 의미하거나, 혹은 한 구(球)의 표면처럼 제 안으로 굽은 유한한 우주의 모든 것을 의미할 수 있다. 둘 중 어느 가능성도 파악하기 쉽지 않지만, 이것에 구애받을 필요는 없다. 초기우주에서 공간이 유한한가 무한한가는 거의 문제가 되지 않는다.

우리가 얼마간의 자인[1]을 가지고 말할 수 있는 가장 이른 시점인 약 100분의 1초에서 우주의 온도는 대략 섭씨 1,000억 도($10^{11}$)였다. 이것은 가장 뜨거운 별의 중심에서보다도 훨씬 더 뜨거우며, 너무나 뜨거워서 실제로 보통 물질의 성분인 분자나 원자도, 하물며 원자의 핵들까지도 지탱할 수 없었을 온도이다. 그 대신 이 폭발에서 퍼져나가는 물질은 여러 가지 종류의 소위 소립자들로 되어 있었는데, 이것들은 현대의 고에너지 핵물리의 과제이다.

앞으로 우리는 이 책에서 되풀이해서 이런 입자들과 접하게 될 것이다. 우선은 초기우주에서 가장 풍부했던 입자들을 드는 것으로써 족하게 하고 더 자세한 설명은 3장과 4장으로 미루기로 한다. 수많은 입자의 한 유형은 전자(電子, electron)이며, 이것은 전류로 전깃줄을 통해 흐르는 음(陰)으로 대전(帶電)된 입자이고, 현재의 우주에서 모든 원자와 분자의 외곽을 이룬다. 초기에 많았던 또 다른 유형의 입자는 양전자(陽電子, positron)였는데, 이것은 전자와 정확히 같은 질량을 갖는 양(陽)으로 대전된 입자이다. 현재의 우주에서 양전자는 단지 고에너지 실험실이나 어떤 종류의 방사능에서, 그리고 우주선(宇苗線, cosmic rays)과 초신성(超新星, supernovae) 같은 격렬한 천문학적 현상에서만 볼 수 있으나, 초기우주에

---

1 편집자 주: 의식으로부터 독립하여 외계(外界)에 객관적으로 실재함. 또는 그 일. 그 양상에 따라 물리적·수리적·사회적·인격적인 것 따위로 구분한다.

서는 양전자의 수가 전자의 수와 거의 정확히 같았다. 전자와 양전자 외에 또 대략 비슷한 수로 여러 종류의 뉴트리노(neutrino)라는, 질량도 없고 전하(電荷)도 없는 유령 같은 입자들이 있었다. 마지막으로 우주는 빛으로 채워져 있었다. 이 빛은 입자들과 별도로 취급할 필요가 없는데, 양자론(量子論, quantum theory)에 의하면 빛은 광자(光子, photon)라는 0의 질량과 0의 전하를 갖는 입자들로 구성되어 있다(전구의 필라멘트에서 한 원자가 높은 에너지 상태에서 낮은 에너지 상태로 바뀔 때마다 광자 하나가 나온다. 전구로부터 나오는 광자들이 아주 많으므로 그들은 연속적인 빛의 흐름으로 함께 섞여버린 것처럼 보이지만, 광전지는 개개의 광자를 하나씩 하나씩 셀 수 있다). 모든 광자는 빛의 파장(波長)에 따라 일정한 양의 에너지와 운동량을 지니고 있다. 초기우주를 기술하기 위해서 우리는 광자의 수와 평균 에너지가 전자, 양전자, 또는 뉴트리노에 대한 것과 대략 같았다고 말할 수 있다.

이 입자들(전자, 양전자, 뉴트리노, 광자)은 끊임없이 순수한 에너지로부터 만들어져 짧은 수명을 마치고 나서는 다시 소멸되고 있었다. 따라서 이들의 수는 미리 정해져 있었던 것이 아니라, 그보다는 생성과 소멸의 과정들 사이의 평형으로써 고정되어 있었다. 이 평형으로부터 우리는 이 우주 국물(cosmic soup)의 밀도가 1,000억 도의 온도에서 물의 밀도의 약 40억($4 \times 10^9$) 배였다는 것을 추리할 수 있다. 그밖에 또 더 무거운 입자들인 양성자(陽性子, protons)와 중성자(中性子, neutrons)로 된 미량의 혼합물이 있었는데, 이들은 현재의 우주에서 원자핵을 구성하는 요소들이다(양성자는 양으로 대전되었으며, 중성자는 약간 더 무겁고 전기적으로는 중성이다). 그 구성 비율은 대략 10억 개의 전자나, 양전자, 뉴트리노, 또는 광자에 대해 한 개의 양성자와 한 개의 중성자 꼴이었다. 이 수는—한 개의 핵입자당 10억 개의 광자—우주의 표준 모델을 만들어 내기 위해 관측 사실로부터 취해야 할 결정적인 양이다. 3장에서 논의할 우주배경복사(宇宙背景輻射, cosmic microwave background radiation)의 발견은 결과적으로 이 숫자를 측정한 것이다.

폭발이 계속됨에 따라 온도는 떨어져서 약 10분의 1초 후에는 섭씨 300억($3 \times 10^{10}$) 도에 이르게 되었으며, 약 1초 후에는 100억 도, 그리고 약 14초 후에는 30억 도가 되었다. 이 온도는 충분히 차가워서 전자와 양전자는 광자와 뉴트리노에서 재생성되기보다 더 빨리 소멸하기 시작했다. 이 물질의 소멸(消滅, annihilation)에서 풀려나온 에너지는 우주가 냉각하는 속도를 잠시 늦추었으나, 온도는 계속 떨어져서 처음 3분간의 마지막에는 마침내 10억 도에 이르렀다. 이때는 우주가 충분히 냉각되어 양성자와 중성자들이 한 개의 양성자와 한 개의 중성자로 된 중수소(重水素, 혹은 듀테륨, Deuterium)의 핵을 비롯해 복잡한 핵들을 구성하기 시작했다. 밀도는 아직도 충분히 커서(물의 밀도보다 약간 작지만), 이 가벼운 핵들이 가장 안정하고 가벼운 핵, 곧 두 개의 양성자와 두 개의 중성자로 된 헬륨 핵으로 급속히 결합할 수 있었다.

처음 3분의 마지막에 우주의 내용물은 주로 빛, 뉴트리노, 그리고 반(反)뉴트리노(antineutrinos)의 형태로 되어 있었다. 또 이제 73%의 수소와 27%의 헬륨으로 된 소량의 핵물질과 전자—양전자 소멸의 시대에서 남은 똑같은 소수의 전자들이 있었다. 이 물질은 계속해 이산(離散)되어 나가면서 계속 식어지고 밀도는 작아졌다. 훨씬 뒤, 수십만 년 후에 우주는 전자들이 핵과 결합해서 수소와 헬륨의 원자를 이루기에 충분하도록 식었다. 이렇게 생긴 기체는 중력의 영향으로 덩어리를 이루기 시작했고, 이 덩어리들은 궁극적으로는 응축해서 현재의 우주 은하와 별들을 이루게 되었다. 그러나 별들이 그들의 생애를 시작한 재료들은 바로 처음 3분 동안에 마련된 것들이었다.

위에 묘사된 표준 모델이 우주의 기원에 대해서 상상할 수 있는 가장 만족스러운 이론은 아니다. 꼭 '신 에다'에서처럼 시초, 바로 처음 100분의 1초가량에 관해서는 설명하기 난처한 애매함이 있다. 또 초기 조건들을 확정해야 하는 달갑지 않은 필요성이 있는데, 특히 초기의 10억대 1이라는 광자의 핵입자에 대한 비율이 그것이다. 이 이론에 더 큰 논리적 필연성의 감촉이 있다면 더 좋을 것이다.

철학적으로 훨씬 더 매력적으로 보이는 하나의 대안으로 예를 들어 소위 '정상상태(定常狀態) 모델(Steady-state model)'이 있다. 1940년대에 본디(Herman Bondi), 골드(Thomas Gold), 그리고(약간 다른 형식으로) 호일(Fred Hoyle)이 제안한 이론에서는 우주가 항상 지금 있는 그대로와 똑같았다고 한다. 우주가 팽창함에 따라 새로운 물질이 계속 창조되어 은하들 사이의 간격을 채운다는 것이다. 이 이론은 왜 우주가 지금과 같은 모습을 하고 있는지를 묻는 모든 질문에 대해, '바로 이렇게 존재하는 것이 우주가 변하지 않고 유지될 수 있는 유일한 방법임을 보여줌으로써' 그에 대한 답을 제시한다. 이 이론에 따르면, 우주의 기원에 관한 문제는 논의 제외 대상이며, 초기우주란 존재하지도 않는 것이다.

그렇다면 어떻게 해서 우리는 "표준 모델"에 이르게 되었는가? 그리고 어떻게 표준 모델이 정상상태 모델과 같은 다른 이론들을 밀어냈는가? 표준 모델로 의견이 일치된 것이 철학적인 유행이나 천체물리학을 하는 고귀한 사람들의 영향 때문이 아니고 경험적 자료의 축적에 의해서 이루어졌다. 이것은 현대 천체물리학의 본질적 객관성에 대해 감사할 일이다.

다음 두 장에서는 우리를 표준 모델에 이르게 했던 천문학적 관측에서 제공된 두 가지의 커다란 실마리, 곧 먼 은하들의 후퇴와 우주를 채우고 있는 약한 전파 잡음의 발견에 관해서 이야기할 것인데, 후자는 과학사가에게 잘못된 시작, 놓쳐버린 기회, 이론적 편견, 그리고 인간적 상호작용으로 가득 찬 이야깃거리를 줄 것이다.

이 우주론의 관측적 기초를 개관한 다음에 나는 초기우주에서 물리적 조건들의 일관성 있는 모습(像)을 얻기 위해 자료들을 종합해 보려고 한다. 이렇게 해서 우리는 처음 3분간에 관해서 보다 자세하게 이야기할 수 있을 것이다. 이 경우 영화처럼 고찰하는 것이 적합할 것 같다. 그리하여 우주가 팽창하고 냉각하며 요리하는 과정을 화면처럼 하나씩 하나씩 살피게 될 것이다. 또 아직도 신비의 베일 속에 싸인 시대인 처음 100분의 1초와 그 이전에 무슨 일이 일어났던가를 엿보려고 노력할 것이다.

정말 우리는 표준 모델을 확신할 수 있을까? 새로운 발견이 나타나서 이것을 뒤엎고, 어떤 다른 우주진화론(cosmogony)으로써 표준 모델을 대치하거나, 아니면 정상상태 모델을 부활시키게 되지는 않을까? 아마 그럴지도 모른다. 나는 처음 3분간에 관해서 우리가 정말 무엇을 이야기하고 있는 것인지를 알고 있는 것처럼 쓰면서도 일말의 비현실적인 감각을 느끼게 됨을 부인할 수 없다.

그러나 비록 결국에는 대체되고 만다고 해도 표준 모델은 우주론의 역사에 귀중한 역할을 하게 될 것이다. 이제는(겨우 지난 10여 년 이래지만) 물리학 또는 천문학의 이론적 개념들을 표준 모델의 테두리 안에서 그 결과를 검토해보는 것이 의미 있는 일이 되었다. 또한 천문학적 관측 프로그램을 정당화하는 데 있어 이제는 이론적 기초로서 표준 모델을 사용하는 것이 상식적인 일이 되었다. 이렇게 표준 모델은 이론가와 관측자들로 하여금 서로가 무엇을 하고 있는 것인지를 평가할 수 있도록 하는 근본적인 공용어를 제공한다.

만약 훗날에 표준 모델이 보다 나은 이론으로 대체된다면, 그것은 아마 표준 모델에서 동기를 찾은 관측이나 계산에 연유할 것이다.

마지막 장에서는 우주의 미래에 관해서 좀 이야기하겠다. 우주는 영원히 팽창하며 차츰 냉각되고 더 공허해지며 죽어갈지 모른다. 반대로 우주가 재수축(再收縮)해서 은하와 별들, 원자와 원자핵들을 다시 그들의 성분으로 부숴버릴 수도 있다. 그러면 우리가 처음 3분간을 이해하는 데 있어 당면하는 모든 문제들이, 마지막 3분간에 있을 사태의 과정을 예언하는 데에서 또 다시 등장할 것이다.

제2장

# 우주의 팽창

누구나 밤하늘을 쳐다보면 변함없는 우주에서 강한 인상을 받는다. 사실 구름은 달을 스치며 떠다니고, 하늘은 북극성 주위로 돌며, 오랜 시간에 걸쳐 달은 커졌다 작아졌다 하고, 행성과 달은 별들을 배경으로 하며 움직인다. 그러나 우리는 이런 것들이 태양계 내의 운동에 의해서 생기는 국소적인 현상임을 잘 안다. 행성을 넘어 저 멀리에서는 별들이 움직이지 않는 것처럼 보인다.

물론 별들도 움직인다. 그 속력은 매초 수백 km까지에 이르며 빠른 별은 한 해 동안에 100억 km나 여행한다. 이 거리는 우리로부터 가장 가까운 별까지의 거리의 1,000분의 1밖에 되지 않아 하늘에서 그들의 겉보기 위치는 아주 느리게 변동한다(예컨대 버나드의 별(Barnard's star)로 알려진 비교적 빠른 별은 약 56조 km쯤 되는 거리에 있다. 이 별은 시선(視線, line of sight)을 가로질러 매초 약 89km 혹은 매년 28억 km를 움직이는데, 그 결과로 그의 겉보기 위치는 한 해에 0.0029도의 각만큼 이동한다). 천문학자들은 가까운 별들의 하늘에서의 겉보기 위치 이동을 "고유운동(固有運動, proper motion)"이라 부른다. 더 먼 별들의 하늘에서의 겉보기 위치는 대단히 느리게 변하기 때문에 가장 참을성 있게 관찰해도 그들의 고유운동은 식별할 수 없다.

이 장에서 우리는 이러한 무변화(無變〔變〕化)의 인상이 착각이라는 것을 알게 될 것이다. 이 장에서 우리가 논의할 관측들은 우주가 격렬한 폭발상태에 있으며, 은하들(galaxies)로 알려진 별들의 커다란 섬들이 광속에 접근하는 속력으로 멀어져 가고 있다는 것을 밝혀 줄 것이다. 나아가서 우리는 이 폭발을 시간적으로 거꾸로 연장할 수 있고, 그러면 모든 은하들이 과거에 훨씬 더 가까웠다는 결론을 내릴 수 있다. 실제로 얼마나 가까웠느냐 하면, 은하나 별들도, 원자나 원자핵들조차도 따로 떨어져서 존재할 수 없을 정도였다. 이것이 우리가 "초기우주(初期宇宙, early universe)"라 부르는 시대였는데, 이 책의 주제가 바로 이것이다.

우주의 팽창에 관한 우리의 지식은, 전적으로 천문학자들이 발광체의 운동을 시선에 직각으로 향한 것보다, 직접 시선에 따른 방향으로 더 정확하게 측정할 수 있다는 사실에 기초를 두고 있다. 이 기술(技術)은 도플러 효과(Doppler effect)로 알려진, 모든 파동 운동이 지니는 성질을 이용한다. 우리가 정지한 근원(根源, source)으로부터 나오는 음파(音波)이나 광파(光波)를 관찰할 때 측정 장치 파동의 마루들이 도착하는 시간적인 간격은 이들이 근원을 떠날 때 마루들 사이의 시간적인 간격과 똑같다. 반면에 근원이 우리로부터 멀어져 갈 때는 후속하는 마루들의 도착 사이의 시간이 그들의 근원으로부터 출발 사이의 시간보다 더 증가되는데, 왜냐하면 각각의 마루가 이전의 마루보다 우리에게 오기까지 약간 더 먼 거리를 지나와야 하기 때문이다. 마루들 사이의 시간은 바로 파장을 파동의 속력으로 나눈 것이므로 우리로부터 멀어져가는 근원에서 보내진 파동은 그 근원이 정지해 있을 때보다 더 긴 파장을 갖는 것처럼 보일 것이다(자세히 말하면, 파장의 증가 비율은 파원의 속력 대 파동 자체의 속력의 비로 주어진다. 이것은 224페이지의 수학적 주석 1에 보였다). 비슷하게, 근원이 우리에게 접근해 올 때는 각각 후속하는 마루는 더 짧은 거리를 가야하기 때문에 파동 마루들 도착 사이의 시간은 감소되며, 파동이 더 짧은 파장을 갖는 것처럼 보인다. 여행하는 외무사원이 여행 기간 동안 매주 한 번씩 규칙적으로 집에 편지를 보낼 경우가 바로 이와 같을 것이다. 곧 그가 집에서 멀어져 가며 여행하는 동안에는, 각각 후속하는 편지는 (전보다 조금씩 더 먼 길을 여행해야 되니까) 이전보다 약간 더 긴 간격으로 도착될 것이며, 그가 집으로 돌아오는 여행길에서 보내는 후속 편지는 (더 짧은 거리를 여행하게 되니까) 매주 한 번보다 더 자주 도착될 것이다.

요즘에는 음파에 관한 도플러 효과를 관찰하기가 쉽다. 고속도로의 근처에 나가서 질주하는 자동차의 엔진 소리가, 이 자동차가 지나갈 때보다 접근해 오고 있을 때 더 높은 것에 (즉 더 짧은 파장) 주의하면 된다. 이 효과는 1842년에 프라하의 고등학교 수학교사였던 크리스티안 요한 도플러(Christian Johann Doppler)가 광파와 음파 두 가지 모두에 대해서 발견했다. 음파에 대한 도플러 효과는 1845년, 네덜란드의 기상학자 크리스토퍼 하인리히 디트리히 부이스 발로(Christopher Heinrich Dietrich Buys-Ballot)가 기발하고도 흥미로운 실험을 통해 검증했다. 그는 움직이는 음원(音源)을 만들기 위해, 트럼펫 연주자들로 구성된 오케스트라를 태운 열차를 무게만으로 움직이는 실험용 열차에 태워, 네덜란드 유트레히트 근방의 시골 지역을 지나가게 했다고 한다.

도플러는 자신이 발견한 효과가 별들이 다양한 색깔을 띠는 이유를 설명할 수 있을 것이라고 생각했다. 그는 지구에서 멀어져 가는 별에서 나오는 빛은, 파장이 길어지며 스펙트럼의 붉은 쪽으로 이동한다고 추측했다. 빨간빛은 가시광선 중에서도 가장 긴 파장을 가지기 때문에, 이러한 별들은 평균적인 별빛보다 더 붉게 보일 것이라고 판단했다. 비슷하게, 지구 쪽으로 접근해 오는 별들의 빛은 더 짧은 파장 쪽으로 이동해서, 이런 별들은 유난히 파랗게 보일 거라고도 예상했다. 그러나 얼마 안 가서 부이스발로와 또 다른 사람들에 의해 도플러 효과가 별의 색깔과는 본래 아무 관계가 없다고 지적되었다. 멀어져 가는 별로부터 나온 푸른빛이 빨강 쪽으로 편이(偏移)되는 것은 사실이지만, 동시에 그 별이 보통 때 보이지 않는 자외선도 가시광선의 파랑 부분으로 편이 되므로 전체 색깔은 거의 변치 않는다. 별들이 여러 가지 다른 색깔들을 갖는 것은 주로 별들이 서로 다른 표면 온도를 갖기 때문이다.

그러나 도플러 효과는 1868년에 개개의 스펙트럼선들(spectral lines) 연구에 응용되었을 때 천문학에 굉장한 중요성을 갖기 시작했다. 그보다 얼마 전 1814~1815년에 뮌헨의 안경상 요제프 폰 프라운호퍼(Joseph von Fraunhofer)는 햇빛을 세극(細隙, slit)을 통과시켜 유리 프리즘을 지나게 했을 때 나타나는 색들의 스펙트럼(spectrum)이 각각 그 세극의 영상(影像)인 수백 개의 검은 선들로 줄을 이루는 것을 발견했다(이 선들 중 몇 개는 그보다 먼저 1802년에 윌리엄 하이드 울러스턴(William Hyde Wollaston)에 의해 착안되었으나, 그 당시에는 주의 깊게 연구되지 않았다). 이 검은 선들은 항상 일정한 빛의 파장에 해당되는 동일한 색깔들의 자리에서 발견되었다. 프라운호퍼는 달과 밝은 별들의 스펙트럼에서도 동일한 위치에 나타나는 검은 선들을 발견했다. 곧 이 검은 스펙트럼선들은 별의 뜨거운 표면에서 나온 빛이 더 차가운 외곽 대기를 통과할 때, 어떤 일정한 파장을 갖는 빛의 선택 흡수

(selective absorption) 때문에 생긴다는 사실이 밝혀졌다. 각각의 선은 특정한 화학적 원소에 의한 빛의 흡수에 기인한다. 따라서 나트륨, 철, 마그네슘, 칼슘, 크롬 따위와 같은 태양에 있는 원소들이 지구상의 그것들과 같다는 것을 확인할 수 있었다(오늘날 우리가 아는 바로는, 이 검은 선의 파장은 그 광자가 원자를 보다 낮은 에너지의 한 상태로부터 들뜬 상태들 중의 하나로 끌어올리기에 적합한 에너지를 가진 파장이다).

1868년에 윌리엄 허긴스 경(Sir William Huggins)은 어떤 밝은 별들의 스펙트럼에 있는 검은 선들은 태양 스펙트럼에서의 정상 위치에서 약간 빨강 쪽 또는 파랑 쪽으로 이동되어 있다는 것을 지적할 수 있었는데, 그는 이것이 지구 쪽으로 또는 지구에서 멀어져 가는 별의 운동으로 인한 도플러 편이(Doppler shift)라고 정확하게 해명을 했다. 예를 들어 카펠라(Capella)의 스펙트럼에 있는 각각의 검은 선 파장은 태양 스펙트럼에서 해당되는 검은 선의 파장보다 0.01%만큼 더 긴데, 이 빨강 쪽으로의 편이는 카펠라가 광속의 0.01% 혹은 매초 30km의 속력으로 우리로부터 멀어져 가고 있다는 것을 암시한다. 도플러 효과는 그 후 수십 년 동안에 태양의 홍염(紅焰, solar prominence), 연성(連星, double stars), 그리고 토성의 띠 속도 등을 발견하는 데 이용되었다.

도플러 편이의 관측에 의한 속도 측정은 본질적으로 정확한 기술이다. 왜냐하면 스펙트럼선의 파장은 아주 큰 정밀도로 측정될 수 있기 때문인데, 파장을 8개의 유효숫자까지 준 표를 찾기는 어렵지 않다. 또 이 기술은 밤하늘의 복사에 대해서 스펙트럼선들을 식별해 낼 정도로 충분한 빛만 있다면, 광원이 얼마나 멀든 간에 상관없이 그 정밀도를 지킬 수 있다.

우리가 이 장의 첫머리에서 언급한 별들의 속도의 전형적인 값들을 안 것도 도플러 효과를 이용한 것이다. 도플러 효과는 또 가까운 별들의 거리에 대한 단서를 준다. 우리가 어느 별의 운동 방향에 관해서 어떤 추측을 해낸다면, 도플러 편이는 우리의 시선을 가로질러서 뿐만 아니라 시선에 따른 그 별의 속력도 알려준다. 그래서 천구(天球)를 가로지르는 별의 겉보기 운동(apparent motion) 측정으로 우리는 그 별이 얼마나 멀리 떨어져 있는가를 안다. 그러나 도플러 효과가 우주론적 중요성을 갖는 결과를 안겨준 것은, 천문학자들이 볼 수 있는 별들보다 훨씬 더 먼 거리에 있는 대상들의 스펙트럼을 연구하기 시작하면서부터였다. 이 대상들의 발견에 관해서 좀 이야기한 뒤에 도플러 효과로 돌아오려고 한다.

우리는 밤하늘을 한 번 쳐다보는 것으로 이 장을 시작했다. 달, 행성, 그리고 별들 밖에도 내가 이야기하지 않았던 우주론적으로 더 중요한 다른 두 가지 가시물체(可視物休)들이 있다.

이들 중 하나는 때때로 도시에서 밤하늘의 안개를 헤치고서도 볼 수 있을 정도로 유별나고 밝다. 이것은 천구를 가로질러 한 큰 원(大圓)을 이루면서 펼쳐져 있는 빛의 띠이며, 예로부터 은하수(Milky Way)라고 알려진 것이다. 1750년, 영국의 기기(機器) 제작자 토마스 라이트(Thomas Wright)는 『우주의 원론(宇苗原論) 혹은 신가설(新假設)(Original Theory or New Hypothesis of the Universe)』이라는 주목할 만한 책을 발표했다. 여기에서 그는 별들이 일정한 두께의 납작한 "맷돌" 같은 판 안에 놓여 있고, 그 판의 평면에서 모든 방향으로 먼 거리에 펼쳐있다는 주장을 제안했다. 태양계는 이 판 내부에 있기 때문에, 우리가 지수로부터 다른 어떤 방향으로 볼 때보다도 판의 평면을 따라서 내다볼 때 당연히 훨씬 더 많은 빛을 본다는 것이며, 이것이 우리가 보는 은하수라는 것이다.

이미 오래전에 라이트의 설은 확인되었다. 이제 은하수는 지름 80,000광년과 두께 6,000광년을 가진 별들로 찬, 판판한 원반(disc)이라고 생각되고 있다. 또 은하수는 지름이 약 100,000광년이나 되는 별들의 구상 후광부(球狀後光部, spherical halo)를 가지고 있다. 전체 질량은 보통 약 1,000억 개의 태양 질량과 맞먹는 것으로 추정되지만, 어떤 천문학자들은 확장된 후광부 안에 훨씬 더 많은 질량이 들어있다고 생각한다. 태양계는 원반의 중심으로부터 30,000광년쯤 떨어져 있고 원반의 중앙면으로부터 약간 "북쪽"에 위치해 있다. 이 원반은 또 매초 약 250km까지 이르는 속도로 회전하며, 거대한 나선형 팔(spiral arm)들을 나타내고 있다. 이 모든 것을 우리가 밖에서 볼 수만 있다면 아주 장관일 것이다! 이 전체의 계(系, system)는 오늘날 은하수 또는 더 넓은 견지에서 "우리의 은하(our galaxy)"라고 불린다.

우주론에서 중요한 밤하늘의 다른 천체들은 훨씬 덜 또렷하게 보인다. 안드로메다(Andromeda) 자리에는 쉽게 보이지는 않으나, 맑은 날 밤에 어디를 찾아야할지 알기만 하면 분명히 볼 수 있는 어슴푸레한 얼룩이 있다. 이 대상에 관한 최초의 언급은 페르시아의 천문학자 압드 알라흐만 알수피(Abd al-Rahman al-Sufi)가 964년에 엮은 『항성들의 책(*Book of the Fixed*

Stars)』에 수록되었는데, 그는 이것을 "작은 구름"이라고 표현했다. 망원경이 쓰인 후로는 이러한 퍼진 물체들이 점점 더 많이 발견되었으며, 17세기와 18세기 천문학자들은 이런 물체들이 진짜 흥밋거리인 혜성(comets)들을 찾는 데 방해가 된다고 여겼다. 혜성을 찾는 데 보지 말아야 할 물체들의 편람을 제공하기 위해서 1781년에 샤를 메시에(Charles Messier)는 성운과 성단(Nebulae and Star Clusters)이라는 유명한 카탈로그를 발표했다. 아직도 천문학자들은 이 카탈로그에 있는 103개의 물체들을 메시에 번호(Messier number)로 부르고 있다.—그래서 안드로메다 성운은 M31, 게성운(Crab Nebula)은 M1 따위가 된다.

메시에의 시대에도 이 퍼진 물체들이 다 똑같지 않다는 것은 명백했다. 어떤 것은 플레이아데스(Pleiades, M45)처럼 분명히 별의 무더기들이고, 또 어떤 것들은 오리온자리의 대성운(Giant Nebula in Orion, M42)처럼 때로는 색깔을 띠고 있고, 때로는 하나 또는 많은 별들과 함께 연관된 달아오른 기체의 불규칙한 구름들이다. 오늘날 우리는 이 두 유형의 물체들이 우리의 은하 내부에 있음을 알고 있으므로, 이들에 관해서는 더 관심을 둘 필요가 없겠다. 그러나 메시에의 카탈로그에 들어있는 약 3분의 1의 물체들은 상당히 규칙적인 타원형의 흰 성운들인데, 그중 가장 유명한 것이 안드로메다 성운(M31)이다. 망원경이 개량됨에 따라 이런 것들이 수천 개나 더 많이 발견되었고, 19세기 말까지는 M31과 M33을 포함한 어떤 것들로부터 나선형 팔도 확인되었다. 그렇지만 18세기, 19세기의 가장 좋다는 망원경으로도 타원형(elliptical) 또는 나선형(spiral) 성운을 별들로 분별해서 볼 수는 없었고, 그들의 정체는 여전히 의문으로 남아 있었다.

이 성운의 어떤 것들이 우리의 은하와 같은 은하들(galaxies)이라는 견해를 처음으로 제안한 사람은 임마누엘 칸트(Immanuel Kant)였던 것으로 보인다. 1755년에 칸트는 라이트의 은하수설을 거론하면서 『일반 자연사와 하늘의 이론(Universal Natural History and Theory of the Heavens)』에서 성운 혹은 '성운의 일종'이 정말 우리의 은하와 대략 같은 크기와 모양을 가진 원반들이라고 주장했다. 그들이 타원으로 보이는 것은 그들 대부분이 비스듬하게 보이기 때문이고, 희미한 것은 아주 멀리 떨어져 있기 때문이라는 것이다.

우주가 우리의 은하와 같은 은하들로 채워져 있다는 생각은 널리 알려져 있었지만, 19세기 초까지 보편적으로 인정된 것은 아니었다. 이들 타원형과 나선형 성운들이 메시에 카탈로그의 다른 물체들처럼 우리의 은하 내부에 있는 단순한 구름일 수도 있다는 것이 미결의 가능성으로 남아 있었다. 나선형 성운들 중 어떤 것에서 폭발하는 별들이 관측된 것이 한 커다란 혼란의 시작이었다. 만약 이 성운들이 개별 별로 식별하기에는 너무 멀리 떨어진, 실제로 독립된 은하들이라면, 그렇게 먼 거리에서도 그토록 밝게 보이기 위해서는 이 폭발이 믿기 어려울 정도로 강력했어야 했을 것이다. 이 점에서 나는 19세기의 가장 완숙한 과학 산문의 한 예를 인용하지 않을 수 없다. 1893년에 영국의 천문학자 아그네스 메리 클라크(Agnes Mary Clerke)는 다음과 같이 말했다.

"잘 알려진 안드로메다 성운과 사냥개자리(Canes Venatici)의 거대한 나선은 연속 스펙트럼을 주는 성운들 중 보다 독별난 것들이며, 너무 먼 거리로 말미암아 어슴푸레해진 성단의 인상을 주는 이런 모든 성운들로부터의 빛의 방사는 일반적으로 같은 유형인 것이다. 그러나 그렇다고 해서 그들이 정말로 이런 태양 같은 물체들의 집합체라고 결론짓는 것은 너무 경솔하다. 이들 중 2개는 4반세기 간격으로 별의 폭발이 일어난다는 사실이 이러한 추측의 비현실성을 뒷받침하고 있기 때문이다. 왜냐하면 성운들이 아무리 멀리 떨어져 있다 하더라도 별들 역시 똑같이 멀다는 것은 거의 틀림없는데, 가령 전자(前者)의 구성 입자들이 태양들이라면, 프록터씨(Mr. Proctor)가 논의하듯이, 그들의 약한 빛이 거의 가려져 버릴 만큼 비할 데 없이 방대한 천체들은 상상이 미치지 않는 크기의 규모일 것이다."

오늘날 우리는 이 별의 폭발들이 "상상이 미치지 않는 크기의 규모"였다는 것을 안다. 그들은 초신성(超新星, Supernovae)이었고, 한 별의 폭발이 한 은하 전체의 밝기에 견줄만한 폭발이었다. 그러나 1893년에는 이 사실을 아무도 모르고 있었다.

나선형과 타원형 성운들의 정체에 관한 의문은 그들이 얼마나 멀리 있는가를 결정할 믿을만한 방법 없이는 해결될 수 없었다. 이러한 척도가 마침내 발견된 것은 로스앤젤레스 근방의 윌슨산(Mount Wilson)에 100인치 망원경이 완성된 후였다. 1923년에는 에드윈 허블(Edwin Hubble)이 처음으로 안드로메다 성운을 개개의 별들로 분해해 볼 수 있었다. 그는 또 나선형 팔들이 몇 개의 밝은 '변광성(變光星)'을 포함하고 있음을 발견했다. 이들은 세페이드 변광성(Cepheid variables)이라고 하는데, 우리의 은하 안의 일단의 별들에 대해서 이미 잘 알려진 것과 같은 주기적인 밝기 변화를 보이는 별들이다. 이것이 그토록 중요했던 이유는 그보다 10년 전에 하버드대학 관측소의 헨리에타 스완 리비트(Henrietta Swan Leavitt)와 할로 섀플리(Harlow Shapley)의 연구로 관측된 세페이드 변광성들의 주기와 절대밝기 사이에 밀접한 관계가 밝혀졌기 때문이다. 절대밝기(absolute luminosity)는 한 천체에 의해 모든 방향으로 방사되는 전체 복사출력(total radiant power)이고, 겉보기밝기(apparent luminosity)는 우리의 망원경 거울이 $cm^2$마다 받는 복사출력이다. 천체들의 주관적인 밝기의 정도를 정하는 것은 절대밝기보다 겉보기밝기임은 명백하다. 물론 겉보기밝기는 절대밝기뿐 아니고 거리에도 의존한다. 그래서 우리가 천체의 절대밝기와 겉보기밝기를 알면 그 거리를 추정할 수 있다.

허블은 안드로메다 성운에 있는 세페이드 변광성들의 겉보기밝기를 관측하고, 절대밝기를 주기로부터 추정해서 그들의 거리를 금방 계산할 수 있었다. 따라서 겉보기밝기가 절대밝기에 비례하고 거리의 제곱에 반비례하는 간단한 법칙을 사용해서 안드로메다 성운의 거리도 계산할 수 있었다. 그가 결론한 바는, 안드로메다 성운은 900,000광년 혹은 우리의 은하 안에서 알려진 가장 먼 천체들보다 10배가 더 먼 거리에 있다는 것이었다. 월터 바데(Walter Baade)와 다른 사람들에 의해서 세페이드의 주기와 밝기 관계가 몇 번 재조정되어, 이제는 안드로메다 성운의 거리가 200만 광년 이상으로 증가되었지만, 결론은 이미 1923년에 명백해졌다. 곧 안드로메다 성운과 비슷한 수천 개의 성운들은 우리의 은하와 같은 은하들이고, 우주를 모든 방향으로 큰 거리에 걸쳐 채우고 있다.

천문학자들은 성운들이 우리의 은하 밖에 있다는 사실이 명백해지기 이전에도, 성운들의 스펙트럼에 있는 선들이 잘 알려진 원자 스펙트럼에서 기지의 선들과 일치하는 것을 확인할 수 있었다. '그러나 1910~1920년의 10년 동안에 로웰 천문대(Lowell Observatory)의 베스토 멜빈 슬라이퍼(Vesto Melvin Slipher)에 의해서 많은 성운의 스펙트럼선들이 빨강 또는 파랑 쪽으로 조금 편이 되어 있다는 사실이 발견되었다. 이 편이는 도플러 효과로 인한 것이며, 성운들이 지구로부터, 또는 지구로 향해서 움직이고 있다는 것을 암시하는 것으로 해석되었다. 예컨대 안드로메다 성운은 지구를 향해서 매초 약 300km의 속력으로 움직이고 있으며, 처녀자리(Virgo)의 보다 먼 은하들 집단은 지구로부터 매초 1,000km의 속력으로 멀어져 가고 있다는 것이 발견되었다.

처음에는 이것이 어떤 성운들을 향해서, 그리고 또 다른 성운들로부터 멀어져 가는 우리 태양계의 운동을 반영하는 상대적인 속도일 것으로 생각되었다. 그러나 점점 더 많은, 더 큰 스펙트럼 편이들이 모두 스펙트럼의 빨강 끝 쪽으로 일어나는 것이 발견되자 이러한 해석은 유지될 수 없었다. 안드로메다 성운 같은 몇 개의 이웃을 제외하고 다른 은하들은 일반적으로 우리의 은하로부터 멀어져가고 있는 것 같았다. 물론 이 사실은 우리의 은하가 어떤 특별한 중심적 위치를 차지하고 있음을 의미하는 것이 아니다. 그보다는 우주가 어떤 폭발을 겪고 있어서 온갖 은하마다 온갖 다른 은하로부터 멀어져가고 있는 것 같다. 이 해석은 허블이 1929년에 은하들의 적색편이가 대략 우리로부터의 거리에 비례해 증가한다는 것을 발견했다고 발표한 후에 일반적으로 인정받게 되었다. 이 관측의 중요성은 폭발하는 우주 안에 물질의 유동에 관한 가능한 가장 간단한 상(像)에 따라 우리가 바로 예측할 수 있다는 점이다.

직관적으로 우리는 어느 주어진 시점에서 우주가 모든 전형적인 은하들에 있는 관측자들에게, 이들이 어느 방향을 쳐다보는가에 상관없이 똑같아 보여야 할 것이라고 전제한다(나는 이하 "전형적"이란 용어를 은하들이 어떤 큰 그 자신의 특유한 운동을 갖지 않고, 단순히 은하들의 일반적인 우주적 유동과 더불어 따라가는 은하들을 뜻하기 위해 쓰겠다). 이 가정은 대단히 자연스러워서(적어도 코페르니쿠스 이래) 영국의 천체물리학자 에드워드 아서 밀른(Edward Arthur Milne)에 의해서 우주 원리(Cosmological Principle)라고 불렸다.

우주 원리를 은하들에 적용하면, 어떤 전형적인 은하에 있는 관측자라도—그가 어느 전형적인 은하에 있든 상관없이—모든 다른 은하들이 동일한 패턴의 속도로 움직이는 것을 보게 된다는 뜻이다. 따라서 어떤 두 은하의 상대 속력이 그들 사이의 거리에 비례해야 된다는 것은 이 원리의 직접적인 수학적 결과이고, 이것이 바로 허블에 의해 발견된 사실이다.

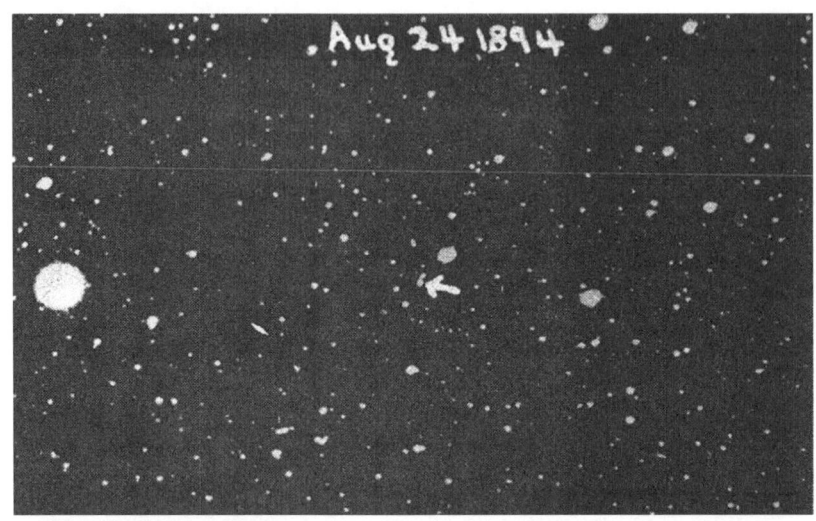

**바너드별(Barnard's Star)의 고유운동:** 바너드별의 위치(흰 화살표로 표시됨)가 22년의 시간 간격으로 찍은 두 사진에 보였다. 배경의 더 밝은 별에 대한 바너드별의 위치 변화가 분명히 보인다. 22년 동안에 바너드별의 방향은 3.7호분(弧分, 각분, arcminute)만큼 변했는데, 따라서 "고유운동"은 매년 0.17호분이 된다(여키스(Yerkes) 천문대 사진).

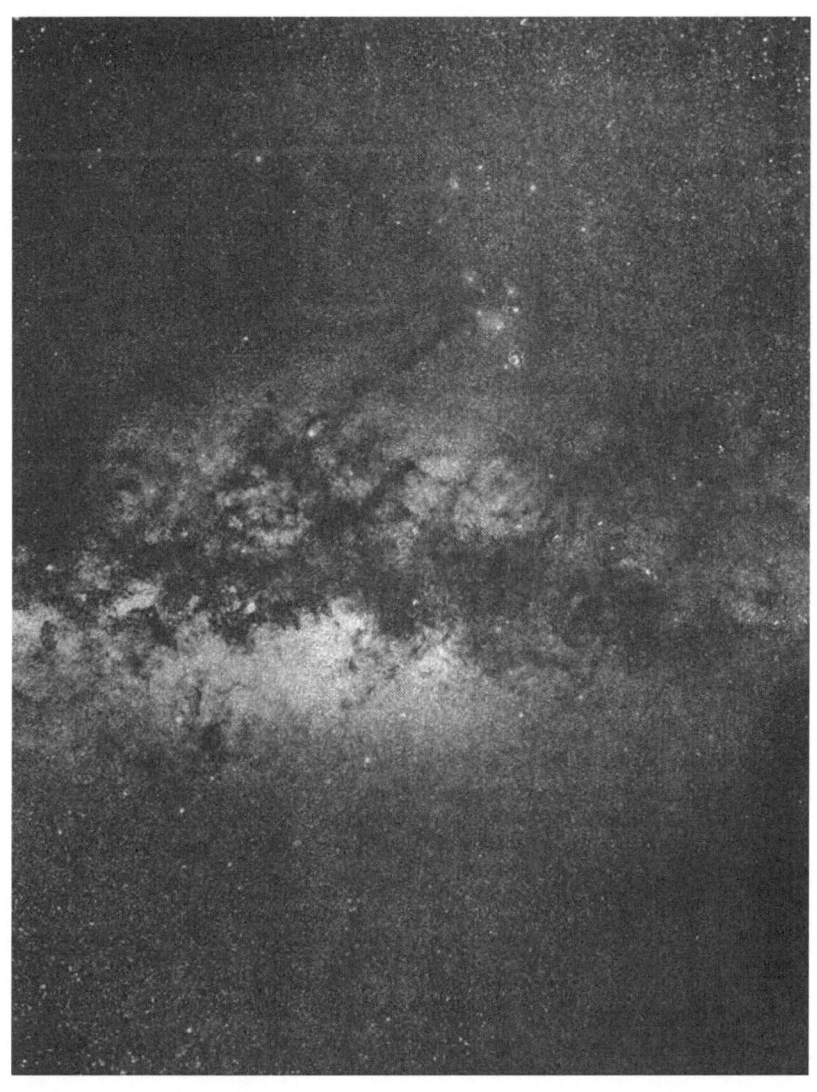

**궁수자리의 은하수:** 이 사진은 궁수자리에 있는 우리의 은하 중심 방향에서 은하수를 보이고 있다. 은하가 평평한 것이 뚜렷하게 보인다. 은하수 평면을 통해 지나는 검은 영역은 그 후면에 있는 별들로부터 오는 빛을 흡수하는 먼지구름 때문에 생긴다(헤일(Hale) 천문대 사진).

**나선은하 M104:** 이것은 약 1,000억의 별들로 된 하나의 거대한 성계(星系)이며, 우리 은하와 많이 닮았으나 우리로부터 6,000만 광년 정도 멀리 있다. 우리는 M104를 거의 정확히 모서리로부터 보고 있으며, 밝은 구형의 후광부와 판판한 원반을 식별할 수 있다. 원반은 먼지의 검은 줄로 똑똑히 표시되어 있는데, 이것은 앞의 사진에서 본 우리 은하의 먼지 낀 영역과 아주 비슷하다. 이 사진은 캘리포니아 윌슨산의 60인치 반사망원경으로 찍은 것이다(여키스(Yerkes) 천문대 사진).

**안드로메다자리 대은하 M31:** 이것은 우리의 은하에 서 가장 가까운 은하이다. 중심 부근의 위쪽 오른편에 그리고 아래에 있는 두 개의 밝은 점은 NGC 205와 NGC 221이며, M31의 중력장에 의해 궤도에 잡혀있다. 사진의 다른 밝은 점들은 전방 물체들이며, 지구와 M31 사이에 우연히 끼어 있는 우리의 은하 내부의 별들이다. 이 사진은 팔로마의 48인치 망원경으로 찍은 것이다(헤일(Hale) 천문대 사진).

**안드로메다은하의 세부:** 이것은 앞의 사진에서 아래쪽 오른편 구석에 해 당하는 안드로메다은하 M31 의 한 부분이다. 윌슨산의 100인치 망원경으로 찍은 것인데, 이 사진은 M31의 나선형 팔들에서 개개의 별들을 분별하기에 충분한 분해능을 갖고 있다. 1923년, 허블은 M31이 우리 은하와 비슷한 구조를 가 진 독립적인 은하이며, 우리 은하의 바깥 영역이 아니라는 사실을 결정적으로 증명했다. 이 결론은 M31 안에 있는 별들을 면밀히 조사한 결과에서 비롯되었다.

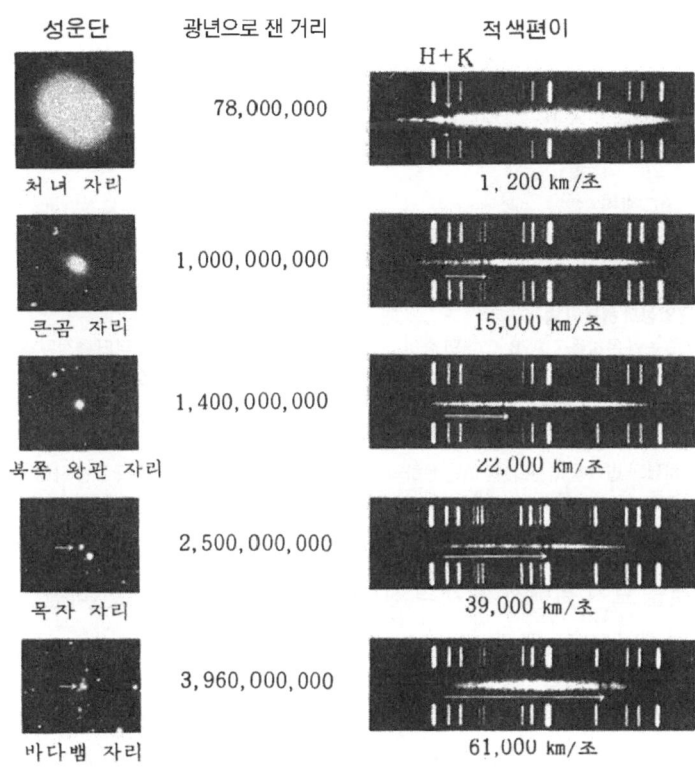

**적색편이와 거리 사이의 관계:** 다섯 개의 은하 집단에 있는 밝은 은하들을 그들의 스펙트럼과 함께 나타냈다. 은하들의 스펙트럼은 길고 수평인 흰 얼룩들이며, 몇 개의 짧고 검은 수직인 선들이 그 위에 처져있다. 이 스펙트럼에 나란한 각 위치는 은하로부터 오는 일정한 파장을 갖는 빛에 대응하며, 검은 수직선들은 이 은하들에 있는 별들의 대기 내부에서 빛의 흡수 때문에 생긴다(각 은하 스펙트럼의 위-아래로 있는 밝은 수직선들은 단지 표준 비교 스펙트럼이며, 파장을 결정하는 데 도움이 되기 위해 은하의 스펙트럼에 덧붙인 것이다). 각 스펙트럼 아래에 있는 화살표는 두 개의 특정한 흡수선들(칼슘의 H와 K선)의 정상 위치로부터 스펙트럼의 바른쪽(빨강색) 끝으로의 이동을 가리킨다. 이 흡수선들의 적색편이가 도플러 효과로서 해석된다면 처녀자리 집단의 은하에 대한 매초 1,200km부터 바다뱀자리 집단에 대한 매초 61,000km에 이르는 속도를 암시한다. 적색편이가 거리에 비례한다면 이것은 이 은하들이 우리로부터 점점 더 먼 거리에 있음을 말해준다(여기에 준 거리는 허블 상수를 100만 광년당, 매초 15.3km로 취해서 계산되었다). 이러한 해석은 은하들이 증가하는 적색편이와 함께 점점 더 작고 희미해 보인다는 사실과 잘 부합한다(헤일(Hale) 천문대 사진).

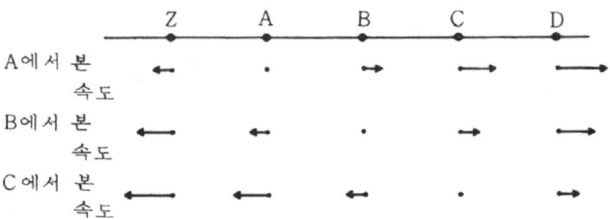

**그림 1. 균일성과 허블의 법칙**
등간격으로 놓인 은하들 Z, A, B, C, ...의 줄이 그려져 있으며, A 또는 B 또는 C로부터 측정된 속도는 화살표의 방향과 크기로 표시되어 있다. 균일성의 원리는 B에서 본 C의 속도가 A에서 본 B의 속도와 같을 것을 요구한다. 이 두 속도를 더하면 A에서 본 C의 속도가 나오는데, 이것은 두 배 더 긴 화살표로 표시되었다. 이런 식으로 진행해서 우리는 그림에 보인 것처럼 모든 속도를 얻는다. 그림에서 볼 수 있듯이 이 속도들은 허블의 법칙을 따른다. 곧 어떤 은하의 속도도 다른 어떤 은하에서 보거나 그들 사이의 거리에 비례한다. 단지 이러한 패턴의 속도들만이 균일성의 원리에 부합한다.

이것을 보기 위해서 세 개의 전형적인 은하 A, B, C가 한 직선으로 줄지어 있다고 생각해 보자(그림 1 참조).

A와 B 사이의 거리가 B와 C 사이의 거리와 같다고 하자. 우주 원리에 따르면, A에서 본 B의 속력이 어떻든 간에 C는 B에 대해 같은 속력을 가져야 한다. 따라서 A로부터 B보다 두 배 더 먼 거리에 있는 C는, A에 대해 B보다 두 배 더 빠른 속력으로 움직이게 된다는 점에 주목해야 한다. 이제 이 가상의 직선 위에 더 많은 은하들을 배치해 보자. 그 결과, 어떤 은하에서 보든 다른 모든 은하의 후퇴 속력은 두 은하 사이의 거리에 비례한다는 결론이 항상 성립한다.

이 논의는 과학에서 자주 그렇듯이 표리(表裏)로 이용될 수 있다. 허블은 은하들의 거리와 그들의 후퇴 속력 사이의 비례 관계를 관측함으로써,

간접적으로 우주 원리의 진실성을 입증한 것이다. 이것은 철학적으로 아주 만족스러운 것이었다. 우주의 어느 한 부분이나 한 방향이 다른 부분이나 다른 방향과 달라야 할 이유는 없지 않은가? 또한 우주 원리는 천문학자들이 실제로 보고 있는 것이, 방대한 우주의 큰 회오리 안의 단순하고 국부적인 소용돌이가 아니라, 우주의 상당한 부분이라는 것을 실감케 한다. 거꾸로 우리는 우주 원리를 선험적(先驗的) 근거로 전제하고, 앞의 보기에서 그랬듯이 거리와 속도 사이의 비례 관계를 연역해 낼 수 있다. 이런 식으로 우리는 비교적 쉬운 도플러 편이의 측정을 통해서 아주 먼 물체들의 거리를 그들의 속도로부터 판단할 수도 있다.

   도플러 편이의 측정 말고도 우주 원리는 또 다른 종류의 관측상 지지를 얻고 있다. 우리의 은하와 처녀자리에 있는 인접한 은하들의 집단으로 인한 변형을 접어 둔다면, 우주는 놀라울 만치 등방적(等方的, isotropic)으로 보인다. 곧 우주는 모든 방향으로 같아 보인다는 말이다(이 사실은 다음 장에 이야기할 초단파 배경복사에 의해 더 설득력 있게 증명된다). 그러나 코페르니쿠스 이래 우리는 우주 안의 인류의 위치에 관해서 어떠한 특수성을 상정하는 일은 조심해야 한다는 교훈을 얻었다. 그래서 우리 주위로 우주가 등방적이라면 우주는 어떤 전형적인 은하 주위로도 등방적이어야 한다. 그런데 우주 안에 어떤 점도 고정된 중심들 주위로 일련의 회전에 의해 다른 어떤 점으로든 옮겨질 수 있으므로(그림 2 참조), 만약 우주가 모든 점 주위로 등방적이라면 우주는 또한 필연적으로 균일해야(homogeneous)할 것이다.

   더 앞으로 나아가기 전에 우리는 우주 원리에 몇 가지 단서(但書)를 붙

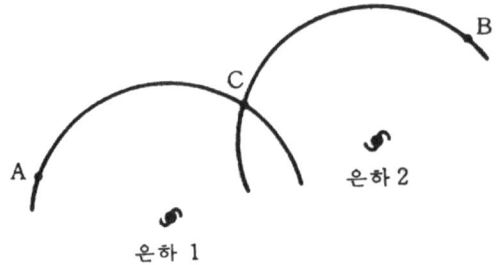

**그림 2. 등방성과 균일성**
우주가 은하1과 은하2의 주위로도 동방적이라면 우주는 균일하다. 임의의 두 점 A와 B에서 조건들이 같다는 것을 보이기 위해 은하1 주위로 A를 지나는 원을 그리고, 은하2 주위로 B를 지나는 또 하나의 원을 그려보자. 은하1 주위의 등방성은 A에서와 원들이 교차하는 점 C에서 조건들이 같을 것을 요구한다. 같은 방법으로, 은하2 주위의 등방성은 B에서의 조건들과 C에서의 조건들이 같을 것을 요구한다. 따라서 이 조건들은 A와 B에서 동일하다.

여야 한다. 첫째로, 우주 원리는 작은 규모에서는 명백히 참(眞)이 아니다.—우리는 다른 은하들(M31과 M33을 포함한)의 작은 국소군(局所群, local group)에 속한 한 은하 안에 있으며, 이 국소군은 또 처녀자리에 있는 엄청난 은하들의 집단 가까이에 있다. 사실 메시에의 카탈로그에 들어있는 33개의 은하들 중, 거의 반은 하늘의 작은 부분인 처녀자리 안에 있다. 도대체 우주 원리가 유효하려면 이것은 적어도 우리가 은하 집단들 사이의 거리, 곧 약 1억 광년만큼이나 큰 규모로 우주를 고찰할 때에야 비로소 의미를 갖는다.

또 하나의 다른 제한이 있다. 은하의 속도와 거리 사이의 비례 관계를 유도하기 위해 우주 원리를 사용함에 있어서, 우리는 B에 대한 C의 속도가 A에 대한 B의 속도와 같다면, A에 대한 C의 속도는 꼭 그 두 배라고 생각했다. 이것이 바로 누구나 다 아는 속도를 덧셈하는 법칙이며, 일상생활에서 보는 비교적 낮은 속도에 대해서는 틀림없이 잘 들어맞는다. 그러나 광속(光速)에 접근하는 속도에 대해서는(매초 300,000km) 이 법칙이 깨지지 않으면 안 된다. 그렇지 않다면 우리가 여러 개의 속도를 더함으로써 광속보다 더 큰 전체 속도를 얻을 수 있을 것인데, 이것은 아인슈타인의 특수 상대성이론(Special Theory of Relativity)에 의해서 금기시된다. 예를 들어 통상 속도의 가법(加法)정리에 의하면 광속의 4분의 3으로 나는 비행기에서 한 승객이 전방으로 역시 4분의 3의 광속을 가진 총알을 쏘았다고 할 때, 지상에 대한 총알의 속력은 광속의 $1\frac{1}{2}$배가 되어야 하지만 이것은 불가능하다. 특수 상대성이론은 속도의 가법 정리를 고침으로써 이 문제를 우회한다. 곧 A에 대한 C의 속도는 A에 대한 B의 속도와 B에 대한 C의 속도의 합보다 실제로 약간 더 작다. 따라서 우리가 광속보다 작은 아무리 많은 속도들을 더해도, 결코 광속보다 더 큰 속도는 얻지 못한다.

 이 모든 것이 1929년의 허블에게는 아무런 문제도 되지 않았는데, 그가 당시에 조사한 은하들 중에는 어느 것도 광속에 가까운 속력을 갖지 않았기 때문이다. 그렇지만 우주론자들이 우주 전체에 특징적인 정말로 큰 거리를 생각할 때에는, 그들은 광속에 접근하는 속도를 다룰 수 있는 이론적 기반, 곧 아인슈타인의 특수 및 일반 상대성이론(Einstein's Special and General Theories of Relativity)을 써야 한다. 사실 우리가 이렇게 큰 거리를 다룰 때는 거리의 개념 자체가 애매해진다. 그래서 우리는 거리가 밝기의 관측에 의해서 측정된 것인지, 지름의 관측 또는 고유운동의 관측에 의해 측정된 것인지, 아니면 또 다른 어떤 방법에 의한 것인지를 자세히 말해야 한다.

    1929년으로 돌아가서, 허블은 18개의 은하들의 거리를 그들의 가장 밝은 별들의 겉보기밝기로부터 추정해서, 도플러 편이로부터 분광학적(分光學的)으로 결정된 은하들 각각의 속도와 비교했다. 그의 결론은 속도와 거리 사이에 '대략 선형적 관계(線型的關係, 즉 단순한 비례 관계)'가 있다는 것이었다. 실제로 허블의 자료를 일별할 때, 나는 그가 어떻게 이런 결론에 도달할 수 있었을까 하고 어리둥절해진다.―은하의 속도는 거리와 거의 관련이 없어 보이고, 단지 속도가 거리와 함께 증가하는 온건한 경향이 있을 뿐이다. 사실 이 18개의 은하에 대해서 우리는 속도와 거리 사이의 어떤 깨끗한 비례 관계도 기대하지 못할 수도 있을 것이다.―그들은 모두 너무 가까우며, 어느 것도 처녀자리의 집단보다 더 멀지 않다. 위에서 묘사한 간단한 논의나 혹은 다음에 이야기할 관련된 이론적 발전에 의거해서, 허블은 그가 얻고 싶은 답을 이미 알고 있었다는 결론을 피하기 어렵다.

    그것은 어떻든 간에 1931년까지 증거가 많이 개량되어, 허블은 매초 20,000km까지 이르는 속도를 가진 은하들에 대해서도 속도와 거리 사이의 비례 관계를 증명할 수 있었다. 그 당시 가능했던 거리 추정으로부터 그는 속도가 100만 광년의 거리마다 매초 170km씩 증가한다고 결론했다. 따라서 매초 20,000km의 속도는 1억 2,000만 광년의 거리를 뜻한다. 거리당 일정한 속도 증가를 나타내는 이 수치는 일반적으로 '허블 상수(Hubble constant)'라 알려졌다(이것은 속도와 거리 사이의 비례 관계가 어떤 주어진 시점에서 모든 은하들에 대해 똑같다는 의미에서 상수(常數)다. 그러나 우리는 앞으로 허블 상수가 우주가 진화하면서 시간에 따라 변한다는 것을 알게 될 것이다).

1936년까지 허블은 분광학자 밀턴 휴메이슨(Milton Humason)과 일하면서 큰곰 II(Ursa Major II) 은하단의 거리와 속도를 측정할 수 있었다. 이것은 매초 42,000km의 속력으로—광속의 14%—후퇴하고 있음이 발견되었다. 당시 2억 6,000만 광년으로 추정된 거리는 윌슨산 천문대의 성능 한계였기에 허블의 연구는 중지될 수밖에 없었다. 전후 팔로마(Palomar)와 해밀턴산(Mt. Hamilton)에 더 큰 망원경이 세워지자 허블의 프로그램은 다른 천문학자들(그중 특히 팔로마와 윌슨산의 앨런 샌디지(Allan Sandage))에 의해 다시 착수되어 현재까지 계속되고 있다.

이 반세기의 관측에서 일반적으로 유도된 결론은 은하들이 우리로부터 거리에 비례하는 속도로(적어도 광속에 너무 가깝지 않은 속력에 대해서) 후퇴하고 있다는 것이다. 물론 이것은 이미 우주 원리에 관한 우리의 논의에서 강조되었듯이, 우리가 우주 안에서 특별히 유리한 혹은 불리한 위치에 있다는 것을 뜻하지 않는다. 어떠한 은하들의 쌍도 그들의 간격에 비례하는 상대 속도로 서로 떨어져 가고 있는 것이다. 원래 허블의 결론에 가해진 가장 중요한 수정은 은하 외적(extragalactic) 거리 척도의 개정이었다. 부분적으로는 월터 바데 등이 행한 리비트—섀플리의 세페이드 주기—밝기 관계의 재조정 결과로서, 먼 은하들까지의 거리가 이제 와서는 허블의 시대에 생각했던 것보다 약 10배 더 크게 추정된다. 따라서 허블 상수가 지금은 100만 광년당 매초 약 15km밖에 되지 않는 것으로 믿어진다.

이 모든 것이 우주의 기원에 관해서 무엇을 말하는가? 은하들이 이산하며 돌진하고 있다면 그들이 언젠가는 더 밀접해 있었을 것이다. 자세히 말해서 가령 그들의 속도가 쭉 일정했다면, 은하들의 어떤 쌍이 현재의 거리에 도달하는 데 필요한 시간은 바로 그들 사이의 현재 거리를 그들의 상대 속도로 나눈 것이 된다. 그들의 현재 거리에 비례한 속도를 가지고는 이 시간이 어떠한 은하의 쌍에 대해서도 동일하다.─그들이 모두 과거에는 동시에 서로 밀접해 있었어야 한다! 허블 상수를 100만 광년당 매초 15km로 취하면, 은하들이 이산되기 시작한 이래 이 시간은 100만 광년 나누기 매초 15km 혹은 200억 년이 된다. 우리는 이렇게 산출된 '나이'를 '특성 팽창 시간(characteristic expansion time)'이라 부르기로 한다. 이것은 단순히 허블 상수의 역수(逆數)이다. 실제로 우주의 나이는 특성 팽창 시간보다 더 적다. 왜냐하면 앞으로 알게 되겠지만 은하들이 쭉 일정한 속도로 움직이고 있었던 것이 아니고, 그들 상호 간의 중력의 영향 아래 감속되었기 때문이다. 그러므로 허블 상수가 100만 광년당 매초 15km라면 우주의 나이는 200억 년보다 더 적어야 한다.

때때로 이 모든 것은 우주의 크기가 증가한다는 말로 요약된다. 이것은 우주가 반드시 유한한 크기를 갖는다는 뜻이 아니다. 이렇게 말하는 이유는, 같은 시각에 임의로 선택한 두 전형적인 은하 사이의 거리가 일정한 비율로 증가하기 때문이다. 은하들의 속도가 근사적으로 일정하리만큼 짧은 시간 간격 동안에, 한 쌍의 전형적 은하 사이의 거리 증가는 그들의 상대 속도와 경과한 시간의 곱으로서, 또는 허블의 법칙에 따라 허블 상수, 거리, 시간의 곱으로서 주어질 것이다. 그러면 거리 증가의 거리 자체에 대한 비(ratio)는 '허블 상수 곱하기 경과된 시간'으로 주어질 것이고, 이것은 어떤 쌍의 은하들에 대해서도 같다. 예를 들어 특성 팽창 시간(허블 상수의 역수) 1%의 시간 간격 동안에는 어떠한 쌍의 전형적인 은하의 거리도 1%씩 증가할 것이다. 그러면 우리는 엉성하게 표현해서 우주의 크기가 1%만큼 증가했다고 말할 것이다.

나는 적색편이의 이러한 해석에 누구나 다 동의한다는 인상을 주고 싶지 않다. 우리는 실제로 은하들이 우리로부터 멀리 돌진해 나가는 것을 관측하는 것이 아니며, 확신할 수 있는 것은 그들의 스펙트럼에 있는 선들이 빨강 쪽으로, 곧 긴 파장 쪽으로 편이된다는 사실이 전부다. 적색편이가 도플러 편이와 어떤 관련이 있다거나 우주의 팽창과 관련이 있다는 것을 의심하는 저명한 천문학자들도 있다. 헤일 천문대의 홀튼 아르프(Halton Arp)는 하늘에는 다른 은하들과 판이한 적색편이를 보이는 은하들의 군집(群集)이 있음을 강조했다. 이들 군집이 인접한 은하들과 진정한 물리적 유대를 갖는다면, 그들이 두드러지게 다른 속도를 가질 수는 없을 것이다. 또한 1963년에 마르틴 슈미트(Maarten Schmidt)는 별같이 보이는 어떤 부류의 천체들이, 경우에 따라서는 300%도 넘는 엄청난 적색편이를 나타낸다는 것을 발견했다. 만약 이 '준성적 물체(準星的物体, quasi-stellar objects)'들이 그들의 적색편이가 암시하는 것처럼 멀리 있다면, 그만큼 밝기 위해서는 엄청나게 많은 양의 에너지를 방출하고 있어야 한다. 마지막으로 정말 먼 거리에 대해서는 속도와 거리 사이의 관계를 결정하기가 쉽지 않은 것을 말해 두어야겠다.

그러나 적색편이가 암시하듯이 은하들이 실제로 이산되어가고 있다는 것을 확인하는 한 독립된 방법이 있다. 우리가 이미 보았듯이 이 적색편이의 해석은 우주의 팽창이 200억 년 이전에 시작되었음을 말해준다. 따라서 이 견해는 실제로 우주가 그 정도로 늙었다는 어떤 다른 증거가 발견되면 확인될 경향이 있는 것이다. 사실 우리의 은하가 약 100억 내지 150억 년 되었다는 증거는 많다. 이 추정은 지상의 여러 가지 방사성 동위원소의 상대적인 존재비(relative abundance)로부터도 (특히 우라늄 동위원소 U-235와 U-238) 별들의 진화에 관한 계산으로부터도 나온다. 물론 방사능 또는 별의 진화와 먼 은하들의 적색편이 사이에는 분명히 직접적인 관련이 없기 때문에 허블 상수에서 유도된 우주의 나이가 실제로 진짜 우주의 시초를 나타낸다는 추측이 강한 것이다.

이 점에서 1930년대와 1940년대에 허블 상수가 훨씬 더 크게 약 100만 광년당 매초 170km로 믿어졌던 것을 회고하는 것이 역사적으로 흥미 있는 일이다. 그러면 이전의 추리 과정에 따라 우주의 나이는 100만 광년 나누기 매초 170km, 그러니까 약 20억 년이 되어야 하고, 중력(重力, gravitation)에 의한 제동을 고려한다면 이보다 더 작아야 할 것이다. 그러나 러더포드 경(Lord Rutherford)에 의한 방사능의 연구이래 지구가 이보다 훨씬 더 늙었다는 것은 아주 잘 알려진 터이다. 현재 지구의 나이는 약 46억 년으로 생각되고 있다! 지구가 우주보다 더 늙었다는 것은 있을 수 없는 일이기에, 천문학자들은 적색편이가 우주의 나이에 관해 무엇을 말해준다는 것을 의심하지 않을 수 없었다. 아마 정상 상태설을 포함해서 1930년대와 1940년대의 가장 교묘한 우주론 개념들 중 어떤 것은 이러한 외관적 역설(逆說, paradox)에서 생겼다. 아마 1950대에 은하 외적 거리 척도의 10배 확장으로 이 나이의 역설이 제거된 것이 표준 이론으로서 대폭발 우주론(big bang cosmology)의 출현에 본질적인 전제 조건이 되었을 것이다.

여기서 전개해 온 우주상은 팽창하는 은하들의 무리이다. 빛은 지금껏 은하들의 거리와 속도에 관한 정보를 보내주는 '별의 심부름꾼' 역할밖에 하지 않았다. 그러나 초기우주에서는 사정이 달랐다. 앞으로 보겠지만 그 당시 우주의 주요한 구성 요소를 이룬 것은 빛이었고, 보통 물질은 무시할 만한 불순물 정도의 역할밖에 하지 않았다. 그러므로 우리가 적색편이에 관해서 배운 것을, 팽창하는 우주에서의 광파 행동으로서 재설명하는 것이 다음을 이해하는 데 유익할 것이다.

광파가 두 은하 사이를 여행한다고 생각해 보자. 이 은하 사이의 거리는 '빛의 여행 시간 곱하기 광속'과 같으며, 빛이 여행하는 동안 이 거리의 증가는 '빛의 여행 시간 곱하기 은하들의 상대 속도'와 같다. 거리의 증가 비율(fractional increase)을 계산할 때는, 거리의 증가를 이 동안의 거리의 평균값으로 나누면 된다. 그러면 빛의 여행 시간은 상쇄되어 버린다는 것을 알 수 있다. 곧 빛의 여행시간 동안 이들 두 은하 거리의(따라서 다른 어떤 전형적인 은하들에 대해서도) 증가 비율은 바로 은하들의 상대 속도의 광속에 대한 비다. 그러나 전에 우리가 보았듯이, 바로 이 비(比)가 또 여행하는 동안 광파 파장의 증가 비율이 된다. 이래서 우주가 팽창할 때, 어떠한 광선의 파장도 전형적인 은하들 사이의 거리에 단순히 비례해서 증가한다. 우리는 파동의 마루들이 우주의 팽창에 의해서 점점 더 멀리 '잡아당겨지는' 것으로 생각할 수 있다. 엄밀히 말해서 우리의 논법은 단지 짧은 여행 시간에 대해서만 적용됐는데, 이것은 일련의 이러한 여행들을 합침으로써 일반적으로도 참이라고 결론할 수 있다. 예컨대 우리가 은하 3C 295를 볼 때, 그리고 이 은하의 스펙트럼에서 파장들이 표준 스펙트럼 파장표에 나와 있는 것보다 46% 더 크다는 것이 알려졌을 때, 우주는 빛이 3C 295를 떠났을 때보다 지금 46% 더 커졌다고 결론할 수 있다. 여태까지 물리학자들은 '운동학적(kinematic)'이라고 부르는 문제들에 관심을 두어 왔는데, 이것은 운동을 지배하는 힘을 고려하지 않고 운동을 기술하는 것과 관련이 있다. 그러나 수세기 동안 물리학자와 천문학자들은 우주의 동력학(dynamics)도 이해하려고 노력했다. 이것은 불가피하게 천체들 사이에 작용하는 유일한 힘인 중력의 우주론적 역할을 연구하는 데 이르게 했다.

독자도 이미 알겠지만 이 문제를 처음으로 붙잡은 사람은 아이작 뉴턴(Isaac Newton)이었다. 케임브리지의 고전학자 리처드 벤틀리(Richard Bentley)와의 유명한 서신 교환에서 뉴턴은 우주의 물질이 유한한 영역 안에 고루 분포되었다면, 이 물질은 모두 중심을 향해 떨어지려는 경향을 갖게 되고 '중심에 한 개의 커다란 구형(球形)의 덩어리'가 형성될 것이라는 추측을 나타냈다. 반면, 물질이 무한한 공간에 고루 분포 되었다면 물질이 떨어질 중심이 없을 것이다. 이 경우, 물질은 무한히 많은 수의 덩어리들로 응축하여 우주에 흩어져 있을 것이다. 이렇게 하여 태양과 별들도 생겨났을 수 있다고 뉴턴은 추측했다.

무한한 매질의 동력학을 다루는 어려움 때문에, 이러한 연구의 지속적인 발전은 일반 상대성이론이 출현할 때까지 마비되었다. 여기에서 일반 상대성이론을 설명할 계제는 아니나, 여하간에 일반 상대성이론이 이 문제를 해결하는 데 처음 생각했던 것만큼 우주론에 중요하지는 않다는 것이 밝혀졌다. 여기서는 알베르트 아인슈타인(Albert Einstein)이 중력을 공간과 시간의 곡률(曲率)의 효과로 설명하기 위해서, 당시에 있었던 비유클리드 기하학(non-Euclidean geometry)의 수학적 이론을 사용했다는 것을 이야기하는 것으로 족하도록 하자. 1917년, 일반 상대성이론을 완성한 지 1년 후에 아인슈타인은 전 우주의 시공(space-time) 기하를 기술할 그의 방정식의 해(解)를 찾으려고 애썼다. 당시에 받아들여지고 있던 우주론의 견해에 따라, 아인슈타인은 특히 균일하고, 등방적이며, 정지 상태인(static) 해를 찾고 있었다. 그러나 이러한 해는 존재하지 않았다. 이 우주론의 전제조건들을 모두 만족시키기 위해 아인슈타인은 소위 '우주 상수(cosmological constant)'라는 항(項)을 방정식에 새로 도입했다. 이 항은 본래 이론의 단순성과 우아함을 손상시켰지만, 먼 거리에서 작용하는 중력의 인력을 상쇄하는 역할을 할 수 있었다.

아인슈타인의 우주 모델은 정말 정지 상태였고, 아무런 적색편이도 예언하지 않았다. 같은 해인 1917년에 아인슈타인의 수정된 이론에 대한 또 하나의 해가 네덜란드의 천문학자 빌렘 드 지터(Willem de Sitter)에 의해서 발견되었다. 이 해도 정지해(靜止解)로 보였고, 따라서 당시 우주론의 견해에 따라 인정받을 수 있었지만, 이것은 놀랍게도 거리에 비례하는 적색편이를 예언하는 성질을 가지고 있었다! 당시 유럽의 천문학자들에게는 커다란 성운의 적색편이란 모르는 이야기였다. 그러나 1차 세계대전 말에 커다란 적색편이를 관측했다는 소식이 미국에서 유럽으로 전해졌고, 드 지터의 모델은 금방 유명해졌다. 사실 1922년에 영국의 천문학자 아서 에딩턴(Arthur Eddington)이 처음으로 일반 상대성이론에 관한 포괄적인 논문을 쓸 때, 당시에 있던 적색편이에 관한 자료를 드 지터 모델을 써서 분석했다. 허블 자신도 적색편이가 거리에 의존하는 사실의 중요성에 천문학자들의 관심을 끌게 한 것은 드 지터 모델이었다고 말한 바 있다. 이 모델이 그가 1929년에 적색편이의 거리에 대한 비례 관계를 발견할 때, 그의 마음속에 도사리고 있었을 것이다.

오늘날의 견해로는 드 지터 모델에 관한 이러한 강조는 잘못된 것이다. 첫째로 그것은 사실 정지적 모델이 아니다.—그것이 정지적 모델로 보였던 것은 독특한 방법으로 공간 좌표가 도입되었기 때문이었다. 그러나 그 모델에서 '전형적'인 관측자들 사이의 거리는 실제로 시간에 따라 증가하며, 적색편이를 낳게 하는 것은 바로 이 일반적인 후퇴 때문이었다. 또 드 지터 모델에서 적색편이가 거리에 비례하도록 나타난 이유는 이 모델이 바로 우주 원리를 만족하기 때문이었다. 이미 우리가 보았듯이 이 원리를 만족하는 어떤 이론에서도 상대 속도와 거리 사이의 비례 관계는 기대될 수 있는 것이다.

아무튼 먼 은하들의 후퇴 발견은 균일하고 등방적이지만 정지적이 아닌 우주 모델에 관심을 불러 일으켰다. 그래서 우주 상수는 중력의 장방정식(field equation)에 필요치 않았으며, 아인슈타인은 그의 본래의 방정식에 이러한 변화를 고려했던 것을 후회하게 되었다. 1922년에는 본래의 아인슈타인 방정식의 일반적인 균일하고 등방적인 해가 소련의 수학자 알렉산드르 프리드만(Alexander Friedmann)에 의해 발견되었다. 대부분 현대의 우주론들에 수학적 기초를 제공하는 것은 아인슈타인이나 드 지터의 모델이 아니고, 원래의 아인슈타인 장방정식에 기초를 둔 프리드만 모델들이다.

프리드만 모델에는 아주 다른 두 가지 유형이 있다. 만약 우주의 물질의 평균 밀도가 일정한 임곗값(critical value)보다 더 작거나 같으면 우주는 공간적으로 무한해야 한다. 이 경우 현재의 우주 팽창은 영원히 계속될 것이다. 반면에 만약 우주의 밀도가 이 임곗값보다 더 크면, 이 물질에 의해서 만들어진 중력장(重力場)은 우주를 그 자신으로 굽어지게 할 것이며, 이 우주는 구(球)의 표면처럼 유한하지만 경계가 없을 것이다(즉, 만약 우리가 일직선으로 여행을 시작하면 어떤 우주의 끝에 도달하는 것이 아니라, 단순히 우리가 출발한 곳으로 되돌아온다). 이 경우에 중력장은 우주의 팽창을 정지시키기에 충분할 만큼 강해서 우주는 마침내 안으로 내폭(內爆, implode)하여 무한한 밀도가 될 것이다. 이 임계 밀도는 허블 상수의 제곱에 비례한다. 현재 널리 인정된 값 100만 광년당 매초 15km에 대해 이 임계 밀도는 $1cm^3$

당 $5 \times 10^{-30}$g 혹은 1,000$l$마다의 공간에 수소 원자 약 3개의 꼴이다.

프리드만 모델에서 어떤 전형적인 은하의 운동은 지구 표면에서 위로 던져진 돌의 운동과 비슷하다. 가령 돌이 충분히 빠르게 던져진다면 또는 같은 이야기로 만약 지구의 질량이 충분히 작다면, 이 돌은 점점 느려지겠지만, 그럼에도 불구하고 무한으로 이탈할 것이다. 이것은 우주의 밀도가 임계 밀도보다 더 작은 경우에 해당한다. 반면에 만약 돌이 충분치 못한 속도로 던져진다면, 이것은 최고 고도에 올라간 뒤에 다시 아래로 곤두박질할 것이다. 이것은 물론 우주의 밀도가 임계 밀도보다 더 큰 경우에 해당한다.

이 비유는 왜 아인슈타인 방정식의 정지적인 우주론적 해를 찾는 것이 불가능했던가를 명백히 해준다.―지구 표면에서 돌이 솟아오르거나 지상에 떨어지는 것을 보는 것은 놀라운 일이 아니다. 그러나 돌이 공중에 가만히 둥둥 떠 있는 것은 거의 기대하지 못한다. 이 비유는 팽창하는 우주에 관한 널리 퍼진 오해를 푸는 데에도 도움이 된다. 우리의 비유에서, 위로 솟아오르는 돌이 지구에 의해 반발되고 있는 것이 아닌 것처럼, 은하들이 멀어지는 것도 그들을 서로 떼어놓는 어떤 신비한 힘 때문이 아니다. 그보다 은하들이 서로 멀어져 가는 것은 그들이 과거에 어떤 종류의 폭발에 의해 내던져졌기 때문이다.

1920년대에는 이것이 인식되지 않았으나, 프리드만 모델의 많은 자세한 성질들은 일반 상대성이론과는 상관없이 이 비유를 사용해서 정량적으로 계산될 수 있다. 어느 전형적인 은하가 우리 은하에 대해 가지는 상대 운동을 계산하기 위해, 우리를 중심으로 하고 그 은하가 표면에 놓이도록 하나의 구를 그려보자. 이 은하의 운동은 우주의 질량이 구 내부의 물질만으로 되어 있고 그 밖으로는 아무것도 없다고 하는 경우와 정확히 같다. 이것은 바로 우리가 지구 내부의 깊은 곳에 동굴을 파고 들어앉아 물체들이 낙하하는 방식을 관측하는 것과 같다. 중심으로 향한 중력 가속도는 지구 표면이 바로 우리의 동굴 깊이에 있는 경우처럼, 동굴보다 더 중심에 가까운 물질의 양에만 의존함을 알 수 있다. 이 놀라운 결과는 뉴턴과 아인슈타인의 중력 이론들 모두에서도 유효한 정리로 구현되는데, 그것은 단지 고찰하는 계(系)의 구대칭성(球對稱性)에만 의존한다. 이 정리의 일반 상대성이론적 해석은 미국의 수학자 조지 데이비드 버코프(George David Birkhoff)가 1923년에 증명했다. 그러나 이것의 우주론적 의미는 그 후 몇십 년 동안 인식되지 못했다.

프리드만 모델들의 임계 밀도를 계산하기 위해 이 정리가 사용될 수 있다(그림 3 참조). 우리를 중심으로 하고 먼 은하를 그 표면 위에 갖는 하나의 구를 그리면, 우리는 구 내부 은하들의 질량을 사용해서 표면 위에 있는 은하가 무한으로 이탈하기 위해 최소한으로 가져야 할 속도, 곧 이탈 속도(escape velocity)를 계산할 수 있다. 이 이탈 속도는 구의 반지름에 비례한다.—구의 질량이 크면 클수록, 그것에서 이탈하려면 더 빨라야 한다. 그러나 허블의 법칙에서 우리는 구의 표면 위에 있는 은하의 실제 속도도 역시 구의 반지름—우리로부터의 거리—에 비례함을 알고 있다. 이래서 이탈 속도는 반지름에 의존하지만, 은하의 실제 속도의 이탈 속도에 대한 비

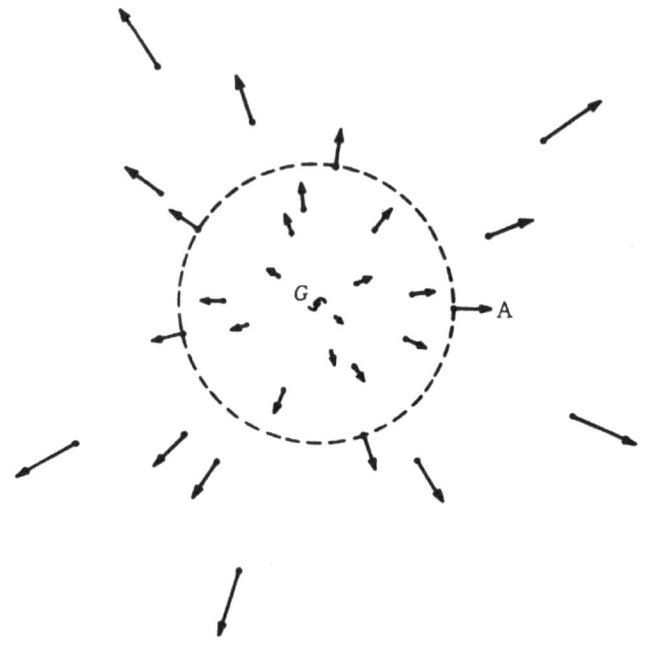

**그림 3. 버코프의 정리와 우주의 팽창**
여러 개의 은하들이 주어진 은하 G에 대한 속도와 함께 보였는데, 속도는 여기에서 화살표의 길이와 방향으로 표시되었다(허블의 법칙에 따라 이 속도들은 G로부터의 거리에 비례하도록 취해졌다). 버코프의 정리는 은하 A의 G에 대한 운동을 계산하기 위해서 G 주위로 A를 통과하는, 여기에 점선으로 표시된 구 내부에 포함되어 있는 질량만 고려하면 된다는 것을 말한다. 만약 A가 G로부터 아주 멀지 않으면 구 내부의 물질에 의한 중력장이 지나치게 강하지 않을 것이고, A의 운동은 뉴턴 역학의 법칙에 의해서 계산될 수 있다.

는 구의 크기에 의존하지 않는다. 이 비는 모든 은하에 대해 똑같으며, 구의 중심으로서 어떤 은하를 택하든 상관없이 같다. 허블 상수와 우주의 밀도값 여하에 따라서, 허블 법칙에 따라 움직이는 모든 은하는 이탈 속도를 초과해서 무한으로 이탈하거나, 아니면 이탈 속도에 이르지 못해 미래 언젠가는 우리에게로 되돌아 올 것이다. 임계 밀도는 단순히 각 은하의 이탈 속도가 허블의 법칙에 의해 주어지는 속도와 바로 같아지는 우주 밀도의 값이다. 임계 밀도는 단지 허블 상수에만 의존할 수 있고, 사실 단순히 허블 상수의 제곱에 비례하는 것이 밝혀진다(225페이지 수학적 주석 2 참조).

우주의 크기(곧 어떤 전형적인 은하들 사이의 거리)의 상세한 시간 의존성도 비슷한 논법을 써서 산정될 수 있으나, 이 결과들은 약간 복잡하다(그림 4 참조). 그러나 우리에게 아주 중요해질 한 가지 간단한 결과가 있다. 곧 우주 초기에 우주의 크기는 시간의 간단한 멱(冪)으로 변했다. 곧 복사의 밀

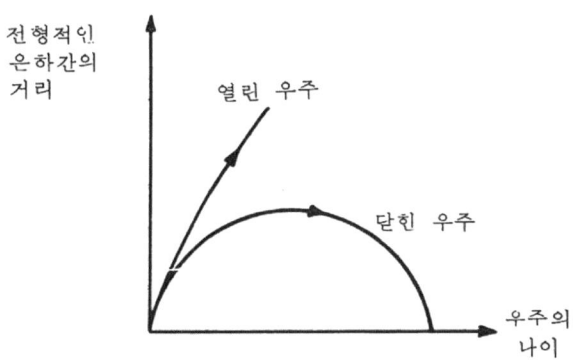

**그림 4. 우주의 팽창과 수축**
전형적인 은하 간의 간격이(임의의 단위로) 시간의 함수로 두 가지 가능한 우주 모델에 대해 보여주고 있다. '열린 우주'의 경우에 우주는 무한하고, 그 밀도는 임계 밀도보다 작으며, 팽창은 느려지면서도 영원히 계속할 것이다. '닫힌 우주'의 경우, 우주는 유한하고, 그 밀도는 임계 밀도보다 크며, 결국 팽창은 끝나고 수축이 뒤따를 것이다. 이 곡선들은 우주 상수가 없는 아인슈타인의 장방정식을 사용해서 물질지배적인 우주에 대해 계산된 것이다.

도가 무시될 수 있다면 2/3승으로, 또는 복사의 밀도가 물질의 밀도를 초과하면 1/2승으로 변했다(228페이지 수학적 주석 3 참조). 일반 상대성이론 없이는 이해될 수 없는 프리드만 우주 모델의 한 가지 양상은 밀도와 기하 간의 관계이다.—은하들의 속도가 이탈 속도보다 크냐 작으냐에 따라서 우주는 열려있으면서(open) 무한하거나, 닫혀있으면서(closed) 유한하다는 것이다.

은하 속도가 이탈 속도를 초과하는지 않는지를 아는 하나의 방법은 그들이 감속하는 비율을 측정하는 것이다. 만약 이 감속이 일정한 양보다 더 작으면(또는 더 크면), 이탈 속도가 초과되어 있다(또는 초과되어 있지 않다). 실제로 이것은 아주 먼 은하들에 대해서 적색편이 대 거리의 곡선 곡률을 측정해야 한다는 것을 말한다(그림 5 참조). 우리가 더 조밀하고 유한한 우주로부터 덜 조밀하고 무한한 우주로 넘어갈 때, 적색편이 대 거리의 곡선은 아주 큰 거리에서 평평해진다. 아주 큰 거리에 있어서 이 적색편이—거리의 곡선 모양의 조사는 때때로 '허블 프로그램'이라 불린다.

허블, 샌디지 그리고 최근에는 다른 사람들도 이 프로그램에 엄청난 노력을 쏟았다. 그러나 결정적인 결과는 아직 없다. 곤란한 것은 먼 은하들까지의 거리를 추정함에 있어, 거리의 표시물로서 사용하기 위해 세페이드 변광성들이나 가장 밝은 별들을 택해 낼 수 없다는 점이다. 그보다는 은하들 자체의 겉보기밝기로부터 거리를 추정해야 한다. 그렇지만 우리가 조사할 은하들 전부가 동일한 절대밝기를 가지는지 어떻게 알겠는가?(절대밝기는 한 천체에 의해 모든 방향으로 방출된 전체 출력인데 반해서, 겉보기

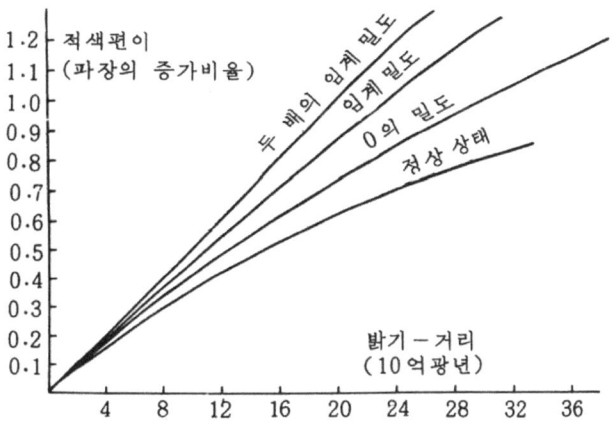

**그림 5. 적색편이 대 거리**
여기에 네 가지 가능한 우주론에 대해서 적색편이가 거리의 함수로 나타냈다(정확히 말하면 여기에서 '거리'는 '밝기 거리', 곧 한 천체의 관측된 겉보기밝기를 기초로하여 기지의 절대밝기로부터 추측된 거리이다). '두 배의 임계 밀도', '임계 밀도', '0의 밀도'로 표시된 곡선들은 물질지배적 우주에 대해 우주 상수가 없는 아인슈타인의 장방정식을 사용해서 프리드만 모델로 계산되었다. 이들은 각각 닫힌, 거의 열린, 흑은 열린 우주에 해당한다(그림 4 참조). '정상 상태'라 표시된 곡선은 우주의 모양이 시간에 따라 변하지 않는 어떤 이론에도 적용될 것이다. 현재의 관측들은 '정상 상태'의 곡선과는 잘 일치하지 않으나, 그 밖의 다른 가능성들을 결정적으로 배제하지도 않는다. 왜냐하면 비정상 상태 이론에서는 은하의 진화가 거리의 결정을 아주 곤란하게 만들기 때문이다. 모든 곡선은 허블 상수를 100만 광년당 매초 15km로 취해서 그려진 것이다. 그러나 이 곡선들은 단순히 모든 거리 척도를 재조정함으로써 다른 어떤 허블 상숫값에 대해서도 사용될 수 있다.

밝기는 우리 망원경의 단위 면적에 받아지는 복사 출력임을 상기할 것. 겉보기밝기는 절대밝기에 비례하고 거리의 제곱에 반비례한다). 선택 효과에는 엄청난 위험이 따른다.—우리가 점점 더 멀리 볼수록 그만치 점점 더 큰 절대밝기를 가진 은하들을 선택하기 쉽다. 더 어려운 문제는 은하의 진화이다. 아주 먼 은하들을 볼 때 우리는 광선이 우리를 향해 여행을 시작했을 수십억 년 전의 그들의 상태를 보는 것이다. 가령 그 당시에 전형적인 은하들이 지금보다 더 밝았다면, 우리는 그들의 진짜 거리를 과소평가하게 될 것이다. 최근에 프린스턴의 제레미야 오스트리커(Jeremiah Ostriker)와 스콧 트레메인(Scott Tremaine)은 보다 큰 은하들의 진화는 그들 개개의 별들이 진화하기 때문만이 아니라, 주위의 작은 은하들을 꿀꺽 삼키기 때문일 가능성도 제기했다! 여러 종류 은하의 진화를 우리가 정량적으로 적절하게 파악했다고 확신하기까지에는 아직도 오랜 세월이 경과해야 할 것이다.

현재로서 허블 프로그램으로부터 끌어낼 수 있는 최선의 추측은 먼 은하들의 감속이 상당히 작아 보인다는 것이다. 이것은 은하들이 이탈 속도 이상의 속도로 움직이고 있고, 따라서 우주는 열려있으며 영원히 팽창을 계속할 것이라는 뜻이다. 이 추측은 우주 밀도의 추정과도 잘 들어맞는다. 은하들에 있는 가시물질은 다 합쳐도 임계 밀도의 몇 퍼센트 밖에는 안 되는 것 같다. 그러나 이에 관해서도 역시 불확실성이 있다. 근년에는 은하의 질량 추정치가 점점 더 커지고 있다. 또 하버드의 조지 필드(George Field)와 다른 사람들에 의해 시사된 것처럼 우주 물질의 임계 밀도를 제공하면서도 아직껏 발견되지 않은 이온화된 수소의 은하 간(intergalactic) 기체가 있을지도 모른다.

다행히도 우주의 시초에 관한 결론을 끄집어내기 위해 우주의 대국적 기하에 관한 확고한 결단에 도달할 필요는 없다. 그 이유는, 우주는 어떤 지평(地平, horizon)을 가지고 있으며, 이 지평은 우리가 시초로 되돌아 볼 때 급속히 오그라들기 때문이다.

어떤 신호도 광속보다 빠를 수는 없다. 그래서 언제나 우리는 우주의 시초이래 광선이 우리에게 도착할 시간을 가질 만큼 충분히 가까이서 일어나는 사상(事象, events)들에 의해서만 영향을 받는다. 이 거리 너머에서 일어나는 어떤 사상도 아직은 우리에게 아무 영향을 미칠 수가 없는 것이다.―그것은 지평을 넘은 피안에 있다. 가령 우주의 나이가 지금 100억 년이라면 지평은 지금 300억 광년의 거리에 있다. 그러나 우주의 나이가 몇 분이라면, 지평은 단지 몇 광분(光分)의 거리에 있다.―지구로부터 태양까지는 현재의 거리보다 더 가까울 것이다. 또 어떤 한 쌍의 물체의 간격도 지금보다 더 작았다는 의미에서 전 우주가 당시에는 현재보다 더 작았다는 것도 사실이다. 그러나 우리가 우주의 시초 쪽으로 되돌아 볼 때 지평까지의 거리는 우주의 크기보다 더 빨리 오그라진다. 우주의 크기는 시간의 1/2승 또는 2/3승에 비례하는 데 반해서(228페이지 수학적 주석 3 참조), 지평까지의 거리는 시간에 단순히 비례한다. 그래서 점점 더 이른 시간에 대해서 지평은 우주의 점점 더 작은 부분을 감싼다(그림 6 참조).

이렇게 초기우주에서 지평이 좁아지는 결과로서 우주의 곡률은 전체적으로 우리가 점점 더 이른 시간으로 되돌아 볼 때, 점점 더 작은 차이밖에 나타내지 않는다. 비록 현재의 우주론과 천문학적 관측이 아직 우주의 크기나 우주의 미래를 밝히지는 못했지만, 우리에게 꽤 명백한 우주의 과거상을 주는 것이다.

이 장에 논의한 관찰은 우리에게 웅장하면서도 간단한 우주관을 열어 주었다. 우주는 균일하게 등방적으로 팽창하고 있다.―모든 전형적 은하

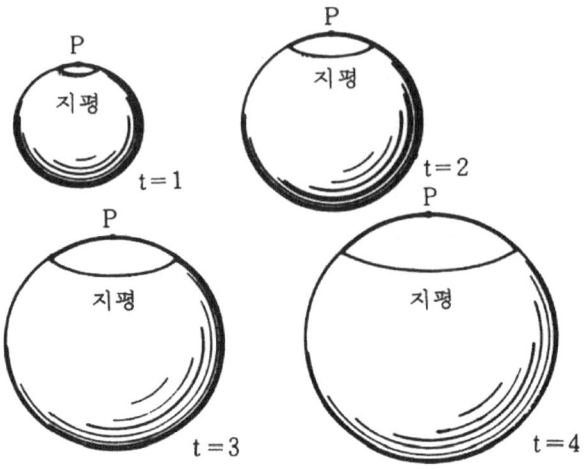

**그림 6. 팽창하는 우주에서 지평들**
우주는 여기에 하나의 구로 상징되었고, 동일한 시간 간격으로 네 가지의 다른 시점에서 나타냈다. 주어진 점 P의 '지평'은 P로부터 일정한 거리에 있는데, 이 거리 밖으로부터는 광신호가 아직 P에 도달할 시간을 갖지 못할 것이다. 지평 안 우주의 부분은 여기서 구 위에 줄치지 않은 모자로 표시되어 있다. P에서 지평까지의 거리는 시간에 정비례해서 커진다. 반면 우주의 '반지름'은 복사지배적 우주의 경우, 시간의 제곱근에 비례해 커진다. 결과적으로 점점 이른 시간에는 지평이 그만큼 우주의 점점 더 작은 부분을 포함한다.

들에 있는 관측자들은 모든 방향으로 같은 양식의 흐름을 보게 된다. 우주가 팽창함에 따라 광선의 파장은 은하들 사이의 거리에 비례해서 늘어난다. 팽창은 우주적 어떠한 반발력으로 인한 것이 아니고, 그보다는 바로 과거의 폭발에서 남은 속도들의 효과다. 이들 속도는 중력의 영향 아래서 점점 느려지고 있다. 이 감속은 매우 느려 보이며, 우주의 질량 밀도가 작아서 중력장은 우주가 공간적으로 유한하도록 만들거나, 혹은 결국에 팽창을 역전시키기에는 너무도 약하다는 것을 암시한다. 우리의 계산은 우주의 팽창을 시간적으로 거꾸로 연장할 수 있으며, 팽창이 100억 년 전과 200억 년 전 사이에 시작되었음을 밝혀준다.

제3장

# 우주의 초단파 배경복사

제2장에서 한 이야기는 과거의 천문학자들이 정통하게 알고 있었을 이야기이다. 무대까지도 비슷하다. 캘리포니아나 페루의 산꼭대기에서 밤하늘을 탐색하는 거대한 망원경, 혹은 '되풀이해서 큰 곰을 철저히 조사하는' 맨눈의 관측자 등등. 내가 이미 머리말에서 이야기했듯이, 이것은 예전에도 (때로는 이 책에서 보다 더 자세하게) 많이 들은 이야기다.

이제 우리는 다른 종류의 천문학, 10년 전만 해도 들을 수 없었던 이야기를 하기에 이르렀다. 우리는 지난 수억 년에 걸쳐 우리의 은하와 비슷한 은하들로부터 방출된 빛의 관측을 다루는 것이 아니라, 우주 시초의 무렵으로부터 남겨진 어떤 확산된 전파의 배경 잡음을 관측하는 것을 살펴보려 한다. 무대 또한 변해서 대학의 물리연구실 건물 지붕 위로, 지구의 대기 위를 나는 풍선이나 로켓으로, 그리고 북부 뉴저지의 들판으로 옮겨간다.

1964년에 벨 연구소는 뉴저지 홀름델(Holmdel)의 크로포드 힐에 색다른 전파 안테나를 가지고 있었다. 그 안테나는 인공위성 에코(Echo)를 통한 통신을 위해 세워졌으나, 안테나의 특성—극히 약한 잡음을 갖는 20 피트 혼 반사기(horn reflector)—은 전파천문학을 위해 유용한 기기로 쓰기에 알맞았다. 두 사람의 전파천문학자 아노 펜지어스(Arno Penzias)와 로버트 윌슨(Robert Wilson)은 우리의 은하로부터, 높은 은하 위도에서 곧 은하수의 평면으로부터 방출되는 전파(radio wave)의 강도를 측정하기 위해 이 안테나를 사용하기 시작했다.

이러한 측정은 매우 어렵다. 대부분 천문학적 근원들로부터의 전파처럼 우리의 은하로부터 오는 전파는 일종의 잡음으로서 가장 잘 표현되는

데, 뇌성이 치는 동안 라디오에서 들리는 '정전 잡음(停電雜音, static)'과 아주 비슷하다. 이 전파 잡음은 전파 안테나의 구조와 증폭 회로의 내부에서 전자들의 열운동에 의해서 생기는 불가피한 전기적 잡음, 또는 안테나에 붙잡힌 지구 대기로부터의 잡음과 쉽게 구별되지 않는다. 별이나 먼 은하 같은 비교적 '작은' 전파원을 조사할 때는 이 문제가 그렇게 심각하지 않다. 이런 경우에는 안테나 빔(antenna beam)을 근원과 근방의 허공에 번갈아가며 돌려보면 된다. 안테나의 구조나, 증폭 회로, 또는 지구의 대기로부터 오는 가짜 잡음은 안테나가 근원을 향하고 있거나 근방의 허공을 향하고 있거나 대략 같기에 이 두 가지를 비교할 때 상쇄될 수 있다. 그러나 펜지어스와 윌슨은 우리의 은하로부터 오는—사실상 하늘 자체에서 오는—전파 잡음을 측정할 의도였던 것이다. 그렇기 때문에 그들의 장치 내부에서 생길 수 있는 어떠한 전기적 잡음이라도 이를 확인하는 것이 결정적으로 중요한 일이었다.

사실 이전에 있었던 이 장치의 시험에서 해명될 수 있는 양보다 약간 더 많은 잡음이 있다는 것이 밝혀졌다. 이 불일치는 아마 증폭 회로의 약간 초과된 전기적 잡음으로 인한 것으로 여겨졌다. 이런 문제들을 제거하기 위해 펜지어스와 윌슨은 '냉부하(冷負荷, cold load)'라고 알려진 장치를 사용했다.—안테나로부터 오는 출력은 절대영도상 약 4도의 액체 헬륨으로 냉각된 인공적인 근원에 의해서 생긴 강도와 비교되었다. 증폭 회로의 전기적 잡음은 두 경우에 같을 것이며, 따라서 이들을 비교할 때 상쇄되고, 안테나로부터 오는 출력의 직접적인 측정이 가능해질 것이다. 이런 방법으로 측정된 안테나 출력은 단지 안테나의 구조, 지구의 대기, 그리고 어떤 천문학적 전파원으로부터의 기여분(寄與分)들로만 되어 있을 것이다.

펜지어스와 윌슨은 안테나 구조 내에서는 전기적 잡음이 아주 조금밖에 생기지 않을 것으로 기대했다. 그러나 이 가정을 검토하기 위해 그들은 비교적 짧은 파장 7.35cm에서 관측을 시작했는데, 이 파장에서는 우리의 은하로부터 오는 전파 잡음은 거의 무시될 것이다. 물론 이 파장에서도 약간의 전파 잡음이 우리 지구의 대기로부터 올 것을 기대할 수는 있으나, 이것은 방향에 특성적 의존성을 가질 것이다. 곧 이 잡음은 안테나가 가리키는 방향의 대기 두께에 비례한다.─천정(天頂) 쪽으로는 더 작고, 지평선 쪽으로는 더 클 것이다. 이 특성적인 방향 의존성을 가진 대기의 기여분을 빼고 나면, 본질적으로 어떤 안테나 출력도 남지 않을 것이 기대되었고, 그러면 이로부터 안테나 구조 내부에서 생기는 전기적 잡음이 정말 무시할 정도라는 것을 확인할 터였다. 그리고 나서 그들은 은하의 전파 잡음이 감지될 수 있으리라고 기대되는 더 긴 21cm 근방의 파장에서 은하 자체를 조사할 수 있을 것이었다.

(그런데 7.35cm 또는 21cm와 같은, 그리고 1m까지의 파장을 가진 전파들은 '초단파 복사' 또는 마이크로파 복사라고 불린다. 이것은 이 파장들이 2차 세계대전 초에 레이더에 의해 사용된 VHF의 파장들보다 더 짧기 때문이다).

1964년 봄, 놀랍게도 펜지어스와 윌슨은 파장 7.35cm에서 방향에 무관한 상당한 양의 초단파 잡음을 수신하고 있다는 것을 알았다. 또 이 '정전 잡음'은 하루 종일, 또 해가 지남에 따라 계절에도 관계없이 변치 않음을 발견했다. 이 잡음이 우리의 은하로부터 오고 있다고 생각할 수 없었던 것이다. 만약 그것이 우리의 은하로부터 오는 것이라면, 모든 점에서 우리의 은하와 비슷한 안드로메다자리의 대은하 M31도 아마 7.35cm에서 강하게 복사하고 있으므로, 이 초단파 잡음은 이미 관측되었을 것이다. 무엇보다 관측된 초단파 잡음이 방향과 아무 관련이 없다는 사실은 이 전파가 은하수로부터 오고 있는 것이 아니라, 우주의 훨씬 더 큰 부분으로부터 오고 있음을 아주 강하게 암시했다.

분명히 안테나 자체가 생각보다 더 많은 잡음을 내고 있는 것이 아닌지 재고해 볼 필요가 있었다. 특히 한 쌍의 비둘기가 안테나의 목덜미에 둥우리를 치고 있는 것이 밝혀졌다. 이 비둘기들은 잡혀서 벨 연구소의 휘파니 단지로 우송되었는데, 풀어 준 수일 후 다시 홀름델의 안테나로 돌아왔고, 다시 잡혀서 마침내 단호한 조치를 했기 때문에 더는 못 오게 되었다. 그런데 비둘기들이 세 들어 사는 과정에서 안테나의 목에 펜지어스가 점잖게 묘사한 '흰 유전(誘電) 물질'을 발라 놓았는데, 이 물질이 실온에서 전기적 잡음의 근원이 되었을지도 모르는 일이었다. 1965년 초, 안테나의 목을 분해해서 이 덩어리를 씻어낼 수 있게 되었으나, 갖가지 노력에도 불구하고 관측된 잡음 수준은 아주 조금밖에 감소되지 않았다. 여전히 신비는 남아 있었는데, 도대체 어디서 이 초단파 잡음이 오고 있는 것인가였다.

펜지어스와 윌슨이 가지고 있던 유일한 수치 자료는 그들이 관측한 잡음의 강도였다. 이 강도를 기술하는 데 그들은 보통 전파 기술자들 사이에 공통적인 용어를 사용했는데, 이 경우에 그것은 예기치 못한 중요성을 띠고 있음이 나타났다. 모든 물체는 절대영도 이상의 어떤 온도에서도 물체 내부에 있는 전자들의 열운동에 의해서 생기는 전파 잡음을 항상 방사한다. 불투명한 벽을 가진 상자 안에서는 어떤 주어진 파장에서 이 전파 잡음의 강도가 단지 벽의 온도에만 의존한다.—온도가 높을수록 잡음은 더 강하다. 이래서 어느 주어진 파장에서 관측된 잡음의 강도는 '등가온도(equivalent temperature)'—전파 잡음이 그 안에서 관측된 강도를 가질 상자 벽의 온도—로서 기술될 수 있다. 물론 전파망원경이 온도계는 아니다. 전파망원경은 파동이 안테나의 구조물에 유도하는 미소한 전류를 기록함으로써 전파의 강도를 측정한다. 전파천문학자가 이러이러한 등가온도를 가진 전파 잡음을 관측한다고 말할 때, 이것이 의미하는 것은 그 안에 안테나를 집어넣으면 관측된 전파 잡음의 강도를 만들어낼 불투명한 상자의 온도라는 것일 뿐이다. 안테나가 실제로 이러한 상자 안에 들어 있는지, 아닌지는 중요한 문제가 아니다.

(전문가들로부터의 반박을 막기 위해, 전파 기술자들은 이따금 전파 잡음의 강도를 위에 설명한 '등가온도'와는 약간 다른 소위 안테나 온도로 기술한다는 것을 말해두어야 하겠다. 펜지어스와 윌슨이 관측한 파장과 강도들에 대해서는 두 가지 정의가 사실상 동등하다).

펜지어스와 윌슨은 그들이 수신하고 있던 전파 잡음의 등가온도가 절대영도(絶對零度)상, 약 섭씨 3.5도(혹은 더 정확히 말해서 절대영도상 2.5도와 4.5도 사이)라는 것을 발견했다. 섭씨온도 척도로 측정되나 얼음의 융점이 아니고 절대0점을 기점으로 측정된 온도는 '켈빈(K)'으로 표시된다. 그래서 펜지어스와 윌슨이 관측한 전파 잡음은 3.5K의 등가온도를 갖는다고 표현된다. 이 온도는 기대한 것보다 훨씬 높지만 절대적으로 보아서는 아주 낮은 온도였다. 그래서 펜지어스와 윌슨은 이것을 발표하기 전, 얼마 동안 그들의 결과에 대해 골머리를 앓았던 것은 그리 놀라운 일이 아니다. 이것이 적색편이의 발견이래 가장 중요한 우주론의 진보라는 사실이 금방 명백해진 것은 아니었다.

이 신비스런 초단파 잡음의 의미는 금방 천체물리학자들의 '눈에 안 보이는 대학'의 작업을 통해서 해명되기 시작했다. 펜지어스는 다른 문제들로 동료 전파천문학자인 M.I.T.의 버나드 버크(Bernard Burke)에게 전화를 했다. 그런데 버크는 바로 또 다른 동료인 카네기 연구소의 켄 터너(Ken Turner)로부터 존스 홉킨스에서 들은 프린스턴의 젊은 이론가 피블스(P.T. Peebles)의 강연 이야기를 들었다. 이 강연에서 피블스는 초기우주로부터 잔류된 현재의 등가온도 약 10K인 전파 잡음의 배경이 있어야 한다고 주장했다. 버크는 이미 펜지어스가 벨 연구소의 혼 안테나로 전파 잡음의 온도를 측정하고 있다는 사실을 알고 있었다. 그래서 그는 이 전화 통화를 기회로 측정이 어떻게 되어 가는지 물었다. 펜지어스는 측정은 잘 되어가고 있으나 결과에 관해서 약간 이해되지 않는 것이 있다고 이야기했다. 버크는 펜지어스에게 프린스턴의 물리학자들이 그의 안테나가 수신하고 있는 것이 무엇인가에 관해 어떤 흥미 있는 의견을 가지고 있을지 모른다고 귀띔해 주었다.

피블스는 그의 강연과 1965년 3월에 쓴 초고에서 초기우주에 있었을 것으로 보이는 복사를 고찰했다. '복사(radiation)'는 모든 파장의 전자기파(electromagnetic wave)를 총괄하는 일반적인 술어다. ─전파(radio wave)뿐 아니고 적외선, 가시광선, 자외선, X선, 그리고 감마선이라 부르는 아주 짧은 파장의 복사(207페이지, 표 참조)─이 여러 가지 복사 종류들 사이에는 뚜렷한 경계가 있는 것이 아니고, 변하는 파장에 따라 한 종류의 복사는 점점 다른 종류의 복사로 섞여 들어간다. 피블스가 주목한 것은, 만약 우주의 처음 몇 분 동안에 강한 복사의 배경이 없었다면 핵반응은 대단히 빠르게 진행되어 당시 현존했던 높은 비율의 수소가 더 무거운 원소로 '요리'되었을 것인데, 이것은 현재 우주의 약 4분의 3이 수소라는 사실과 모순된다는 점이다. 이 빠른 핵의 요리는 우주가 아주 짧은 파장에서, 핵들이 형성되는 만큼이나 빨리 이들을 다시 깨뜨려 버릴 수 있는, 엄청나게 높은 등가온도를 갖는 복사로 가득하다고 할 때에만 저지될 수 있을 것이다.

이 복사는 차후 우주의 팽창에서 살아남았지만, 그의 등가온도는 우주가 팽창함에 따라 우주의 크기에 반비례하여 계속해서 떨어졌음을 보게 될 것이다(이것이 본질적으로 2장에 논의된 적색편이의 효과라는 것을 우리는 알게 될 것이다). 따라서 현재의 우주도 복사로 가득하나, 이 복사는 처음 몇 분간보다는 대단히 낮은 등가온도를 가진 복사여야 할 것이다. 피블스가 추정한 바는, 복사 배경이 처음 수 분 동안에 헬륨과 더 무거운 원소들의 생산을 기지의 한계 안에 유지시키기 위해서는 현재의 복사온도가 적어도

10K가 될 만큼 강했어야 했다는 것이다.

10K라는 수는 약간 과대한 추정이었고, 이 계산은 즉시 피블스와 다른 사람들에 의해 더욱 정교하고 정확한 계산으로 대치되었다. 이것은 5장에서 논의될 것이다. 사실 피블스의 초고가 원래의 모습으로 발표된 것은 아니다. 그러나 결론은 실질적으로 정확했다. 곧 관측된 수소의 존재비(存在比)로부터 우주는 처음 몇 분 동안에 엄청난 양의 복사로 채워져 있어야 하며, 이 복사는 더 무거운 원소가 지나치게 많이 생산되는 것을 막을 수 있었다고 추리할 수 있다. 그 후 우주의 팽창은 몇 켈빈으로 우주의 등가온도를 낮추었고, 따라서 지금 복사는 모든 방향으로부터 똑같이 오고 있는 전파 잡음의 배경으로 나타날 것이다. 이것이 금방 펜지어스와 윌슨의 발견에 대한 자연스러운 설명같이 보였다. 이래서 어떤 의미로는 홀름델의 안테나는 하나의 상자 안에 있다.―이 상자가 바로 온 우주이다. 그러나 그 안테나에 의해 기록된 등가온도는 현재 우주의 온도가 아니고, 그보다는 우주가 오래전에 가졌었고 그 이후 우주가 겪은 엄청난 팽창에 비례해서 감퇴된 온도이다.

피블스의 연구는 일련의 여러 유사한 우주론의 추측들 중에서 최근의 것이었을 뿐이다. 사실 1940년대에 핵합성의 '대폭발(Big Bang)' 이론이 조지 가모브(George Gamow)와 그의 동료 랠프 앨퍼(Ralph Alpher)와 로버트 허먼(Robert Herman)에 의해서 발전되었으며, 1948년에 앨퍼와 허먼에 의해 현재의 온도 약 5K를 가진 배경복사를 예언하는 데 사용되었다. 1964년에 소련의 야 젤도비치(Ya B. Zeldovich)와 이와는 독립적으로 영국의 프레드 호일(Fred Hoyle)과 테일러(R. J. Tayler)에 의해서도 비슷한 계산이 나왔다. 이 초기의 연구가 처음에는 벨 연구소와 프린스턴의 연구자들에게는 알려지지 않았으며, 배경복사의 실제적 발견에 아무런 영향도 미치지 못했던 것이다. 그래서 이에 관한 자세한 이야기는 6장으로 미루기로 한다. 또 6장에서 왜 이 초기의 이론적 연구가 어느 것 하나도 우주의 초단파 배경 탐색으로의 길을 트지 못했던가 하는 수수께끼 같은 역사적 문제를 다룰 것이다.

피블스의 1965년의 계산은 프린스턴의 실험물리학자 로버트 디키(Robert Dicke)의 생각에서 부추김을 받았다(다른 무엇보다도 디키는 전파천문학자들이 사용하는 어떠한 중요한 초단파 기술을 발명했다). 1964년 어느 무렵, 디키는 우주 역사의 처음 국면으로부터 잔류된 어떤 관측 가능한 복사가 남아있지 않을까 하는 의문을 갖기 시작했다. 디키의 추측은 우주의 '진동'설에 근거를 둔 것이었는데, 이에 관해서는 이 책의 마지막 장에서 다시 이야기하겠다. 그는 이 복사의 온도에 관해서는 뚜렷한 예측을 갖고 있지 않았지만, 무엇인가 찾아 볼만한 것이 있다는 본질적인 요점은 이해하고 있었다. 디키는 피터 롤(Peter G. Roll)과 데이비드 윌킨슨(David T. Wilkinson)에게 초단파 배경복사를 찾아볼 것을 제안했고, 이들은 프린스턴의 펠머 물리실험실 지붕 위에 작은 저잡음 안테나를 세우기 시작했다(이런 목적으로 거대한 전파망원경을 사용할 필요는 없다. 이 복사는 모든 방향으로부터 오는 것이어서 더 강력하게 집속된 안테나 빔(beam)을 갖는다는 것이 전혀 이득이 되지 않기 때문이다).

디키, 롤, 그리고 윌킨슨이 그들의 측정을 완료할 수 있기 전에 디키는 펜지어스로부터 전화를 받았는데, 그때 펜지어스는 버크로부터 피블스의 연구에 관해 듣고 난 참이었다. 그들은 천체물리학보(Astrophysical Journal)에 한 쌍의 동반 논문을 발표하기로 결정했는데, 펜지어스와 윌슨은 그들의 관측 사실을 보고하고 디키, 피블스, 롤, 윌킨슨은 이의 우주론적 해석에 관한 설명을 하기로 했다.

펜지어스와 윌슨은 그들의 논문에 아직도 조심스럽게 「4,080Mc/s에서의 초과 안테나 온도의 측정」이라는 겸손한 제목을 붙였다(안테나가 동조된 주파수는 4,080Mc/s 또는 매초 4,060메가 싸이클이었고, 이것은 7.35cm의 파장에 해당된다). 그들은 간단히 "효과적 천정 잡음 온도의 측정은 …… 예측보다 더 높은 3.5K의 값을 주었다."라고 보고했고, 우주론에 관해서는 "이 관측된 초과 잡음 온도에 대한 하나의 가능한 설명은 같은 호의 동반 논문에서 디키, 피블스, 롤, 및 윌킨슨에 의해 주어졌다."라는 말 이외에는 우주론에 관한 어떠한 언급도 회피했다.

펜지어스와 윌슨이 발견한 초단파 복사가 실제로 우주의 시초로부터 잔류된 것일까? 이 문제를 해결하기 위해 1965년이래 수행된 실험들을 더 고찰하기 전에 우리는 먼저 이론적으로 무엇을 기대하는가를 물어볼 필요가 있다. 곧 "현재의 우주론적인 개념이 정확하다면, 우주를 채우고 있을 복사의 일반적 성질은 무엇인가?"이다. 이 질문은 우리로 하여금 우주가 팽창할 때 복사에 무엇이 일어나는가를 생각게 한다.—핵합성이 이루어진 때, 처음 3분간의 마지막에 뿐만 아니라 그 후에 경과한 장구한 시

**홀름델의 전파망원경:** 펜지어스(오른쪽)와 윌슨(왼쪽)이 1964~1965년에 3K 우주배경복사를 발견하는 데 사용한 20피트 혼 안테나와 함께 있다. 이 망원경은 뉴저지 홀름델의 벨 전화연구소 부지에 있다(벨 연구소 사진).

**홀름델의 전파망원경 내부:** 윌슨이 지켜보는 가운데 펜지어스가 홀름델의 20피트 안테나의 연결을 점검하는 모습이다. 이것도 안테나 구조에서 어떤 가능한 전기적 잡음을 제거하려는 노력의 일부이며, 이것이 1964~1965년에 관측된 3K 초단파 복사의 잡음을 발견하게 된 기연이었을지 모른다. 이러한 온갖 노고에도 불구하고 잡음의 강도는 아주 조금밖에 떨어지지 않았다. 그래서 이 초단파 복사가 정말로 천문학적 근원을 갖는다는 결론이 불가피해졌다(벨 연구소 사진).

**프린스턴의 전파안테나:** 이것은 우주의 배경복사를 증명하기 위해 프린스턴에서 행한 실험을 찍은 사진이다. 작은 혼 안테나가 위로 향해서 나무로 만들어진 단 위에 가설되었다. 윌킨슨이 안테나 아래 약간 오른쪽으로 보이고 롤은 장치에 거의 가려졌으나 안테나 바로 아래에 보인다. 원뿔 모양의 꼭대기를 가진 빛나는 원통은 액체 헬륨 보조원을 보존하는 데 사용되는 저온 장치의 일부이다. 이 보조원의 복사가 하늘로부터 오는 복사와 비교될 수 있었다. 이 실험이 펜지어스와 윌슨에 의해 사용되었던 파장보다 더 짧은 파장에서 3K 배경복사의 존재를 확인했다.

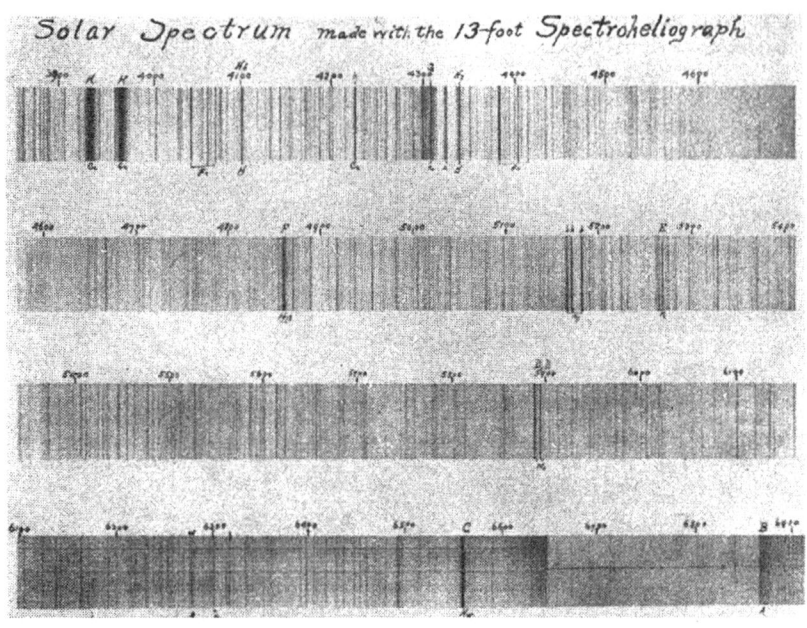

**태양의 스펙트럼:** 이 사진은 햇빛이 초점거리 13피트의 분광기에 의해 여러 파장들로 분해된 것을 보여준다. 여러 가지 파장에서의 강도는 온도 5,800K의 완전히 불투명한(혹은 '흑색의') 물체에 의해 방출될 수 있는 강도와 대략 같다. 스펙트럼에 있는 수직한 '프라운호퍼' 암선(暗線)들은 태양 표면으로부터 오는 빛이 비교적 차고 부분적으로 투명한 외부 영역, 소위 '전복층'에 의해 흡수되고 있음을 암시한다. 각각의 검은 선들은 일정한 파장의 빛이 선택 흡수되기 때문에 생긴다. 선이 검을수록 흡수는 강하다. 파장은 스펙트럼 위에 옹스트롬 단위(cm)로 표시되었다. 이 선들 중 많은 것이 칼슘(Ca), 철(Fe), 수소(H), 마그네슘(Mg), 나트륨(Na) 같은 특정한 원소들에 의한 빛의 흡수에 기인한다는 사실이 확인되었다. 우리가 여러 가지 화학 원소들의 우주적 존재비를 추정할 수 있는 것도 부분적으로는 이러한 흡수선의 연구를 통해서이다. 먼 은하들의 경우 대응된 흡수선들이 스펙트럼 안의 정상 위치에서 더 긴 파장 쪽으로 이동되어 있는 것이 관측된다. 이 적색편이로부터 우주가 팽창한다는 결론이 나온다(헤일 천문대 사진).

간에도 말이다.

여기서 우리는 이제 지금까지 사용해온 전자기파로서의 고전적인 복사상(像)을 버리고, 그 대신 복사가 광자(光子, photon) 로 되어있다는 더 현대적인 '양자(量子, quantum)' 적 견해를 택하는 것이 아주 큰 도움이 될 것이다. 보통 광파는 함께 퍼져나가는 막대한 수의 광자들을 포함하고 있다. 그러나 우리가 파동의 행렬로 운반되는 에너지를 아주 정확히 측정하려고 하면, 그것은 항상 일정한 양의 어떤 배수가 된다는 것을 알게 되는데, 우리는 이것이 광자 한 개의 에너지라는 것을 확인할 것이다. 앞으로 보게 되겠지만 광자의 에너지들은 일반적으로 아주 작다. 그 때문에 대부분 실용적인 목적에서는 전자기파가 도대체 아무런 에너지도 갖지 않는 것처럼 여겨진다. 그러나 이 복사의 원자 및 원자핵과의 상호작용은 보통 한 번에 하나씩의 광자를 통해서 일어나며, 이런 과정을 탐구하는 데는 파동적 기술보다 광자상을 택할 필요가 있다. 광자들은 0의 질량과 0의 전하를 갖는다. 그럼에도 불구하고 이것들은 실재한다. ―각 광자는 일정한 에너지와 운동량을 가지고 있으며, 그의 운동 방향 주위로 일정한 스핀(spin)까지도 가지고 있다.

개개의 광자가 우주를 통해서 방황할 때 무슨 일이 일어나는가? 현재의 우주에 관한 한 별로 큰 변화는 없다. 약 100억 광년 멀리 있는 물체들로부터 오는 빛도 우리에게 아주 잘 도달하는 것 같다. 이렇게 은하 간 공간에 어떤 물질이 있든지, 이 물질은 광자들이 우주 나이의 상당한 부분 동안 산란되거나 흡수되지 않고 여행할 수 있을 만큼 투명해야 한다.

그러나 먼 은하들의 적색편이는 우주가 팽창하고 있음을 말해 준다. 따라서 우주의 내용물이 한때는 지금보다 훨씬 더 압축되어 있었을 것이다. 유체(流體)의 온도는 일반적으로 유체가 압축될 때 높아진다. 그래서 우리는 우주의 물질이 과거에 훨씬 더 뜨거웠다고 추측할 수 있다. 사실 우리는 우주의 내용물이 너무나 뜨겁고 조밀해서 별과 은하들로 덩어리질 수 없었고, 원자들도 그들의 구성 요소인 핵과 전자들로 분리되어 있던 기간이 있었다고 믿는다. 앞으로 보게 되겠지만 이것은 아마 우주의 처음 700,000년 동안이었을 것이다.

이러한 불유쾌한 상태 아래서는 광자가 현재 우리의 우주에서처럼 막대한 거리를 거침없이 여행할 수 없었다. 광자는 그의 행로에서 광자를 효과적으로 산란하거나 흡수할 수 있는 막대한 수의 자유 전자들을 만나게 되었을 것이다. 광자가 전자에 의해서 산란될 때 일반적으로 광자가 전자보다 더 많은 에너지를 갖고 있느냐 혹은 더 적은 에너지를 가졌느냐에 따라 전자에게 약간의 에너지를 잃거나 혹은 전자로부터 약간의 에너지를 얻을 것이다. 광자가 흡수되거나 그의 에너지에 상당한 변화를 당하기까지 여행할 수 있는 시간인 '평균 자유 시간(mean free time)'은 아주 짧았을 것이며, 우주 팽창의 특성 시간보다도 훨씬 더 짧았을 것이다. 전자와 원자핵 등 다른 입자들에 대한 평균 자유 시간은 이보다도 더 짧았을 것이다. 이렇듯 어떤 의미에서 우주가 처음에 아주 빠르게 팽창하고 있었다고 하지만, 개개의 광자나 전자 또는 핵에게 팽창은 많은 시간이 걸리고 있었다. 이 시간은 우주가 팽창함에 따라 각 입자들이 여러 번 산란, 흡수, 재방출되기에 충분한 시간이었다.

개개의 입자들이 많은 상호작용을 할 시간을 갖는 이런 종류의 계(系)는 언젠가는 평형 상태에 도달한다. 어떤 범위 안에서 여러 성질들(위치, 에너지, 속도, 스핀 등)을 갖는 입자의 수는 매초 그 범위를 벗어나는 것과 동일한 수의 입자가 그 범위로 들어오게 되는 하나의 값에 정착될 것이다. 이러한 계의 성질들은 어떤 초기 조건들에 의해 결정되는 것이 아니고, 평형이 유지된다는 요구 조건에 의해 결정될 것이다. 물론 여기서 '평형(equilibrium)'이란, 입자들이 동결된다는 것을 의미하지는 않는다.—각각의 입자는 끊임없이 그의 이웃 입자들에 의해 이리저리 충돌을 받는다. 평형은 통계적이다.—평형은 입자들이 위치 에너지 등에 있어서 분포되어 있는 방식이며, 이것은 변하지 않거나 완만히 변할 뿐이다.

이러한 통계적 평형을 보통 '열평형(thermal equilibrium)'이라고 부르는데, 이런 종류의 평형 상태는 항상 계 전체를 통해서 균등해야 하는 어느 일정한 온도에 의해 특징지어지기 때문이다. 사실 엄격히 말하면 온도가 정확히 정의될 수 있는 것은 열평형의 상태에서만 가능하다. '통계역학'이라는 이론물리학의 강력하고 심오한 분야는 열평형에 있는 어떤 계의 성질들을 계산하기 위한 수학적 기구를 제공한다.

우리는 열평형에의 도달을 고전경제학의 견지에서 가격 기구의 기능처럼 생각할 수 있다, 수요가 공급을 능가하면 물품의 가격은 오르고, 유효수요를 제한해서 더 많은 생산을 촉진한다. 공급이 수요를 능가하면 가격은 떨어지고, 유효수요를 증가시키며 장래의 생산을 제한한다. 어느 경우에나 공급과 수요는 균등해질 것이다. 같은 방식으로 어느 특정한 범위의 에너지, 속도 등을 갖는 입자들이 너무 많거나 혹은 너무 적으면, 이 범위로부터 입자들의 이탈률은 평형이 이루어질 때까지 침입률보다 더 크거나 혹은 더 작아질 것이다.

물론 가격 기구가 항상 고전경제학에서 생각하는 것처럼 정확히 작용하는 것은 아니다. 그러나 이 점에서도 비유는 성립된다.—실제로 세상에서 대부분의 물리적 계는 열평형에서 퍽 멀다. 별들의 중심에는 거의 완전한 열평형이 있다. 그래서 우리는 거기서 조건들이 어떤가를 약간의 자신을 가지고 추정할 수 있다. 그러나 지구 표면은 어디에서고 평형에는 가깝지 않다. 그래서 우리는 내일 비가 올지 안 올지조차 확신할 수 없다. 우주는 완전한 열평형에 있어본 적이 없다. 이는 우주가 팽창하고 있기 때문이다. 그렇지만 개개 입자들의 산란율 또는 흡수율이 우주 팽창의 속도보다 훨씬 더 빨랐을 초기 동안에는 우주가 하나의 거의 완전한 열평형 상태에서 다른 열평형 상태로 '완만히' 발전하고 있었다고 간주할 수 있다.

우주가 한때 열평형의 상태를 지나왔다는 사실은 이 책의 논의에서 결정적으로 중요하다. 통계역학의 한 결론에 의하면 열평형에 있는 어느 계의 성질들은 우리가 그 계의 온도와 몇 가지 보존량들(이에 관해서는 다음 장에서 상술한다.)의 밀도를 제시하면 완전히 결정된다. 이래서 우주는 단지 그의 초기 조건들의 아주 한정된 기억만을 보유하고 있다. 우리의 원하는 바가 우주의 바로 시초를 재구성해 보려는 것이라면 이 사실은 유감스러운 일이다. 그러나 그것은 또 우리가 많은 임의로운 가정을 하지 않고도 우주의 시초이래 사상(事象)들의 과정을 추측할 수 있다는 점에서 보상이 된다.

펜지어스와 윌슨이 발견한 초단파 복사는 우주가 열평형의 상태에 있었을 시기로부터 남아온 것으로 믿어진다는 것을 보았다. 그러므로 우리가 관측된 초단파 배경복사에 대해서 어떤 성질들을 기대할 수 있는가를 보기 위해서는 다음과 같은 질문을 제기해야 한다. "물질과 열평형에 있는 복사의 일반적인 성질은 무엇인가?" 바로 이것이 역사적으로 양자론을 대두하게 하고, 복사를 광자로 해석하는 데 이르게 한 질문이었다. 1890년대까지는 물질과 열평형의 상태에 있는 복사의 성질이 온도에만 의존하는 것으로 알려져 있었다. 더 자세히 말하면 어느 주어진 파장 영역 안에서 이러한 복사의 단위 부피당 에너지의 양은 그 파장과 온도만을 포함하는 한 보편적인 공식에 의해서 주어진다. 동일한 공식이 불투명한 벽을 가진 상자 내부의 복사량을 준다. 그래서 전파천문학자는 그가 관측하는 전파 잡음의 강도를 '등가온도'로써 표시하기 위해 이 공식을 사용할 수 있다. 본질적으로 동일한 공식이 완전한 흡수를 하는 표면으로부터 어떠한 파장에서나 매초당 방출되는 복사의 양을 주기도 하기 때문에 이런 종류의 복사는 일반적으로 '흑체복사(黑体輻射, black body radiation)'라고 한다. 즉 흑체복사는 파장과 함께 변하며, 온도에만 의존하는 한 보편적 공식으로 주어지는 일정한 에너지 분포를 갖는다는 것이 특징이다. 이 공식을 찾는 일이 1890년대의 이론물리학자들이 당면한 가장 중요한 문제였다.

흑체복사의 정확한 공식은 19세기의 마지막 주에 막스 플랑크(Max Karl Ernst Ludwig Planck)에 의해 발견되었다. 그림 7은 관측된 우주 초단파 잡음의 특별한 온도 3K에 대해서 플랑크의 결과의 정확한 모양을 보인다. 플랑크의 공식은 정성적으로 다음과 같이 요약될 수 있다. 흑체복사로 가득 찬 상자 안에서는 어떤 파장 영역에서 에너지가 파장의 증가와 함께 아주 가파르게 상승해서 극대치에 도달하고 나면 다시 가파르게 떨어진다. 이 '플랑크 분포'는 보편적이다. 곧 복사와 상호작용을 하는 물질의 성질에 의존하지 않고, 단지 온도에만 의존할 뿐이다. 오늘날 '흑체복사'라는 술어는 복사가 실제로 흑체에 의해서 방출되느냐 않느냐에 상관없이 파장에 따른 에너지의 분포가 플랑크의 공식에 맞는 어떠한 복사에도 사용된다. 이래서 복사와 물질이 열평형에 있었던 처음 100만 년 동안, 우주는 우주의 물질적 내용물의 온도와 동일한 온도를 가진 흑체복사로 가득했었을 것이다.

플랑크 계산의 중요성은 흑체복사의 문제를 훨씬 넘어서는 것이었다. 왜냐하면 그 계산에서 플랑크는 에너지가 개개의 덩치 또는 '양자(quanta)'로 나타난다는 새로운 개념을 도입했기 때문이다. 원래 플랑크는 복사와 평형에 있는 물질의 에너지를 양자화하는 것만 고려했으나, 수년 후 아인슈타인은 복사 자체가 양자들로 나타난다고 주장했고, 이것은 후에 광자라 불렸다. 이러한 발전은 마침내 1920년대에 과학사에서 하나의 위대한 지성적 혁명에 이르게 했는데, 고전역학을 전혀 새로운 언어, 양자역학의 언어로 대체하는 것이었다.

단위 부피당 단위 파장 영역당 에너지 : 3K (전자볼트/cm³/cm)

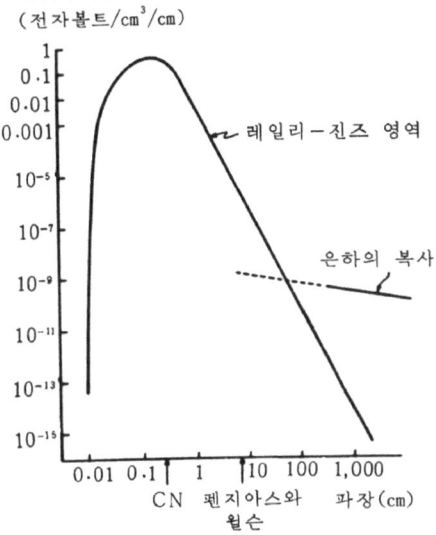

**그림 7. 플랑크 분포:**
온도 3K의 흑체복사에 대해 단위 파장 영역당 에너지 밀도를 파장의 함수로 보였다(3K보다 인수 f곱만큼 더 큰 온도의 경우에 대해서는 파장을 1/f곱만큼 축소하고 에너지 밀도를 인수 $f^5$곱만큼 증가시키면 된다). 커브의 오른편 직선 부분은 보다 간단한 '레일리-진스 분포'에 의해 근사적으로 기술된다. 이 기울기를 갖는 커브는 흑체복사 외에도 여러 가지 경우에 기대된다. 커브 왼편 부분의 가파른 하락은 복사의 양자적 성질에 기인하고, 이것이 흑체복사의 특색이다. '은하의 복사'로 표시된 선은 우리의 은하로부터 오는 전파 잡음의 강도를 보인다(화살표들은 펜지어스와 윌슨의 처음 측정이 행해진 파장과, 복사 온도가 성간 시아노겐의 첫 번째 들뜬 회전 상태에 의한 흡수의 측정으로부터 추측될 수 있는 파장을 나타낸다).

우리는 이 책에서 양자역학에 깊이 들어갈 수는 없다. 그러나 팽창하는 우주에서 복사의 행동을 이해하는 데 광자에 의한 복사의 상(像)이 어떻게 플랑크 분포의 일반적 특징에 이르게 되는가를 잠깐 살피는 것은 유익하겠다.

    흑체복사의 에너지 밀도가 아주 긴 파장들에 대해서 뚝 떨어지는 이유는 간단하다. 즉 복사를 그 파장보다 더 작은 크기의 어떤 부피 안에 맞추어 넣기가 어렵다. 이 정도는 양자론 없이도 옛날 복사의 파동 이론을 기초로 해서 이해될 수 있었다(또 이해되었다).

    반면에 아주 짧은 파장들에 대한 흑체복사의 에너지 밀도의 감소는 복사의 비양자상(非量子像)으로는 이해될 수 없었다. 어느 주어진 온도에서, 그것의 에너지가 온도에 비례하는 일정한 양보다 큰 파동이나 입자 혹은 다른 들뜬 상태를 만들어내기는 어렵다는 것이 통계역학의 한 결과임은 잘 알려진 바이다. 그럼에도 불구하고 복사의 파동들이 임의로 작은 에너지를 가질 수 있다면, 아주 짧은 파장의 흑체복사의 전체량을 제한할 아무런 이유도 없을 것이다. 이것은 실험과 모순될 뿐 아니라, 흑체복사의 전체 에너지가 무한대가 된다는 파국적 귀결에 이를 것이다! 이러한 궁지에서 벗어나는 단 하나의 돌파구는 에너지가 덩치들 또는 '양자들'로 나타난다고 가정하는 데 있었다. 각 덩치의 에너지양은 파장이 감소함에 따라 증가하기 때문에 어느 주어진 온도에서 덩치들이 높은 에너지를 갖게 될 짧은 파장들에서는 아주 적은 복사밖에 있을 수 없다는 것이다. 아인슈타인에 의한 가설의 최종적 형식화는 어떤 광자의 에너지도 그 파장에 반비례한다는 것이었다. 그러면 어느 주어진 온도에서 흑체복사는 너무 큰 에너지를 갖는 광자들, 따라서 너무 짧은 파장을 갖는 광자들을 아주 조금밖에 포함하지 않을 것이고, 이렇게 해서 짧은 파장에서의 플랑크 분포의 하락

(下落)이 설명된다.

자세히 말하면 1cm의 파장을 가진 광자의 에너지는 0.000124전자볼트(electronvolt, eV)이며, 더 짧은 파장에 대해서는 이에 대응해서 더 크다. 전자볼트는 한 편리한 에너지 단위인데, 하나의 전자가 1볼트의 전위차를 건너 움직여서 얻는 에너지와 같다. 예를 들어 보통 1.5볼트의 손전등 배터리는 전구의 필라멘트를 통해 밀어내는 각각의 전자에 대해서 1.5전자볼트를 소비한다(미터법의 단위로 표시하면 1전자볼트는 $1.602 \times 10^{-12}$에르그(erg) 또는 $1.602 \times 10^{-19}$줄(joule)이다). 펜지어스와 윌슨이 사용한 초단파의 파장 7.35cm에서 광자 에너지는 아인슈타인의 법칙에 따르면 '0.000124전자볼트 나누기 7.35 혹은 0.000017전자볼트'였다. 반면에 전형적인 가시광선의 광자는 약 20,000분의 1cm($5 \times 10^{-5}$cm)의 파장을 가지고 있으며, 따라서 이 광자의 에너지는 '0.000124전자볼트 곱하기 20,000 또는 약 2.5전자볼트'가 될 것이다. 위의 어느 경우에나 한 광자의 에너지는 거시적으로 보면 아주 작은데, 이것이 바로 광자들이 복사의 연속적인 흐름으로 서로 섞인 것처럼 보이는 이유다.

그런데 화학 반응 에너지는 일반적으로 매 원자당 또 매 전자당 자릿수로 1전자볼트의 크기이다. 예를 들어 한 수소 원자로부터 전자를 떼어 내려면 13.6전자볼트가 필요하다. 그러나 이것은 극히 격렬한 화학적 사태라 할 수 있다. 햇빛의 광자들도 약 1전자볼트 가량의 크기의 에너지를 갖고 있다는 사실은 우리에게 굉장히 중요하다. 이 에너지가 바로 이 광자들로 하여금 광합성 같은 생명에 불가결한 화학 반응을 일으키게 하기 때문이다. 핵반응 에너지는 일반적으로 원자핵당 100만 전자볼트의 크기인데, 이것이 한 파운드의 플루토늄이 대략 100만 파운드의 TNT의 폭발 에너지를 갖는 이유다.

광자상(光子像)은 흑체복사의 주요한 성질을 쉽게 이해하는 데 편리하다. 첫째로 통계역학의 원리는 전형적인 광자의 에너지가 온도에 비례한다는 것을 말해주며, 아인슈타인 법칙은 어떤 광자의 파장은 그 광자의 에너지에 반비례한다는 것을 말해준다. 따라서 이 두 법칙을 종합하면 흑체복사에서 광자들의 전형적인 파장은 온도에 반비례한다는 말이 된다. 정량적으로 나타내면, 그 부근에 흑체복사 대부분의 에너지가 집중되어 있는 전형적인 파장은 1K의 온도에서는 0.29cm이고, 더 높은 온도에서는 비례적으로 더 짧다.

예를 들면 300K(=27°C)의 보통 '실온'에서 한 불투명한 물체는 '0.29cm 나누기 300 또는 약 1,000분의 1cm'의 전형적인 파장을 갖는 흑체복사를 방출한다. 이것은 적외선 복사 영역에 있기 때문에 우리들 눈으로 보기에는 너무 긴 파장이다. 반면에 태양 표면은 약 5,800K의 온도인데, 결과적으로 방출하는 빛은 약 '0.29cm 나누기 5,800 즉, 약 5곱하기 10만 분의 1cm($5\times10^{-5}$cm), 또는 같은 이야기로 5,000옹스트롬(Å) 단위의 파장에서 절정에 달한다(1옹스트롬 단위는 1cm의 1억 분의 1 혹은 $10^{-8}$cm이다). 이미 말했듯이 이것은 우리의 눈이 볼 수 있는 파장 영역의 중간쯤에 있고, 이 안의 파장들을 우리는 '가시(visible)' 파장이라 부른다. 이 파장들이 이렇게 짧다는 사실은, 왜 19세기 초까지도 빛이 파동의 성질을 가졌다는 것이 발견되지 못했는가를 설명해준다. 우리가 회절(廻折) 같은 파동의 전파(伝播)에 특징적인 현상을 인식할 수 있는 것은 아주 작은 구멍을 통과하는 빛을 조사할 때뿐이다.

우리는 긴 파장들에서 흑체복사의 에너지 밀도 감소는 크기가 파장보다 더 작은 어떤 부피 안에 복사를 집어넣기가 어렵기 때문이란 것을 알았다. 사실 흑체복사에서 광자들 사이의 평균 거리는 대략 전형적인 광자의 파장과 같다. 그런데 우리는 이 전형적인 파장이 온도에 반비례한다는 것을 보았다. 따라서 광자 사이의 평균 거리도 역시 온도에 반비례한다. 고정된 부피 안에 들어있는 물건의 수는 그것이 어떤 것이 건 간에 그들 평균 간격의 3승에 반비례하므로, 흑체복사에 적용할 때 이 규칙은 주어진 부피 안에서 광자의 수는 온도의 3승에 비례한다는 말이 된다.

이 지식을 종합해서 우리는 흑체복사에서 에너지양에 관한 약간의 결론을 끄집어 낼 수 있다. 리터당 에너지 혹은 '에너지 밀도'는 단순히 리터당 '광자의 수 곱하기 광자당 평균 에너지'이다. 그러나 우리는 리터당 광자의 수가 온도의 3승에 비례하며, 평균 광자 에너지는 온도에 단순 비례함을 보았다. 따라서 흑체복사에서 리터당 에너지는 '온도의 3승 곱하기 온도', 또는 바꾸어 말해서 온도의 4승에 비례한다. 이것을 양으로 표시하면 흑체복사의 에너지 밀도는 1K의 온도에서 리터당 4.72전자볼트, 또는 10K의 온도에서는 리터당 47,200전자볼트 등이다(이것을 슈테판-볼츠만 법칙이라 한다). 펜지어스와 윌슨이 발견한 초단파 잡음이 실제로 3K의 온도를 가진 흑체복사라면 그것의 에너지 밀도는 리터당 '4.72전자볼트 곱하기 3의 4승' 혹은 리터당 '약 380전자볼트'이어야 한다. 온도가 1,000배 더 크다면, 에너지 밀도는 1조($10^{12}$)배 더 클 것이다.

이제 우리는 화석(化石)의 초단파 복사의 근원으로 돌아갈 수 있겠다. 이미 보았듯이 우주가 너무 뜨겁고 조밀해 원자들이 핵과 전자들로 분리되어 있었고, 자유 전자들에 의한 광자의 산란이 물질과 복사 간에 열평형을 유지해 주었던 때가 있었어야 한다. 시간이 지나면서 우주는 팽창하고 냉각해서 결국에는 핵과 전자들이 원자로 결합할 수 있을 만치 충분히 식은 온도(약 3,000K)에 이르게 되었다(천체물리학의 문헌에는 보통 이것을 '재결합(再結合, recombination)'이라고 표현하는데, 전혀 마땅치 않은 용어다. 왜냐하면 우리가 고찰하고 있는 시기에서 보면 그 이전의 우주 역사에서 핵과 전자들이 원자로 결합된 적이 없기 때문이다!). 이 갑작스런 자유 전자들의 퇴거는 복사와 물질 간의 열적 접촉을 깨뜨려 버렸고, 그 후 복사는 자유로이 퍼져나갔다.

이것이 일어난 순간에 여러 가지 파장들에서 복사장(場) 에너지는 열평형의 조건들에 지배되었으며, 따라서 이것은 물질의 온도와 동일한 온도 약 3,000K에 대한 플랑크의 흑체복사 공식에 의해 주어진다. 특히 전형적인 광자의 파장은 약 1미크론(10,000분의 1cm 혹은 10,000옹스트롬)이었을 것이며, 광자들의 평균 거리는 대략 이 전형적인 파장과 같았을 것이다.

그 후 이 광자들에게 무슨 일이 일어났는가? 개개의 광자들은 창조되지도 파괴되지도 않았을 것이다. 그래서 광자들 간의 평균 거리는 우주의 크기에 단순히 비례해서 곧 전형적인 은하들 간의 평균 거리에 비례해 증가했을 것이다. 그러나 우리는 제2장에서 우주론적 적색편이 효과는 우주가 팽창할 때 어떤 광선의 파장이라도 이를 '잡아당기는' 것임을 보았다. 이래서 어떤 개개의 광자의 파장도 우주의 크기에 비례해서 역시 단순히 증가했을 것이다. 따라서 광자들은 바로 흑체복사의 경우처럼, 대략 하나의 전형적인 파장만큼씩 떨어져 있었을 것이다. 실제로 우리는 이러한 줄거리의 논법을 정량적으로 추구함으로써 복사가 비록 물질과 이미 열평형에 있지 않다 하더라도, 우주를 채우는 복사는 우주가 팽창할 때 계속해서 플랑크의 흑체복사 공식에 의해 정확히 기술된다는 것을 증명할 수 있다(233페이지 수학적 주석 4 참조). 팽창의 유일한 효과는 우주의 크기에 비례하도록 전형적인 광자의 파장을 증가시키는 것이다. 흑체복사의 온도는 전형적인 파장에 반비례하므로 우주가 팽창할 때 우주의 크기에 반비례해서 떨어졌을 것이다.

예를 들어 펜지어스와 윌슨은 그들이 발견한 초단파 잡음의 강도가 대략 3K의 온도에 해당한다는 것을 알았다. 이것은 바로 온도가 물질과 복사를 열평형에 유지하기에 충분했을(3,000K) 때 이래 우주가 1,000의 인수만큼 팽창했다고 가정하면 기대될 수 있는 그러한 온도이다. 이 해석이 정확하다면 3K의 전파 잡음은 전파천문학자들이 받아본 것 중 가장 오래된 신호이며, 이것은 우리가 볼 수 있는 가장 먼 은하들로부터 오는 빛보다도 훨씬 이전에 방출된 것이다.

그러나 펜지어스와 윌슨은 우주의 전파 잡음을 단 하나의 파장

7.35cm에서만 측정했다. 그래서 파장에 대한 복사 에너지의 분포가 플랑크의 흑체복사 공식에 의해 기술되는지 않는지를 결정하는 일이 극히 긴급한 문제로 등장했다. 만약 이 복사가 정말로 우주의 복사와 물질이 열평형에 있었을 어떤 획기적 시기로부터 잔류된 적색편이 된 화석(化石)의 복사라면, 플랑크의 흑체복사 공식으로 기술될 것이 예측되기 때문이다. 사실이 그렇다면 관측된 잡음 강도를 플랑크의 공식에 맞춤으로써 산출된 '등가온도'는 모든 파장에서 펜지어스와 윌슨이 조사한 7.35cm의 파장에서와 같은 값을 가져야 한다.

이미 보았듯이 펜지어스와 윌슨의 발견이 있었을 때, 우주의 초단파 배경복사를 검출하려는 또 하나의 시도가 뉴저지에서 진행되고 있었다. 벨 연구소와 프린스턴 연구자들의 한 쌍의 최초의 논문이 나온 직후, 롤과 윌킨슨은 그들 자신의 결과를 발표했는데, 파장 3.2cm에서 배경복사의 등가온도가 2.5K와 3.5K 사이라는 것이었다. 즉 실험 오차의 한계 안에서 파장 3.2cm에서 우주의 잡음 강도는 파장 7.35cm에서의 강도보다 복사가 플랑크 공식으로 기술된다면 예측될 바로 그 비율만큼 더 크다는 이야기다!

1965년이래 전파천문학자들은 7.35cm부터 짧게는 0.33cm에 이르는 10여 개의 파장에서 화석의 초단파 복사의 강도를 측정했는데, 이들 측정은 어느 것이나 2.7K와 3K사이의 온도로서 에너지 대 파장의 플랑크 분포와 일치한다.

그러나 이것이 정말로 흑체복사라는 결론으로 뛰어들기 전에, 플랑크 분포가 그 최댓값에 달하는 '전형적'인 파장은 '0.29cm 나누기 켈빈으로 표시한 온도'이며, 3K의 온도에 대해서 이 파장은 0.1cm 바로 아래가 된다는 사실을 상기해야 한다. 이렇게 이 모든 초단파의 측정들은 플랑크 분포에서 최댓값을 나타내는 파장보다 긴 파장 쪽에서만 행해졌다. 그러나 이미 보았듯이, 이 부분의 스펙트럼에서 파장의 감소에 따른 에너지 밀도의 증가 추세는 바로 긴 파장들을 작은 부피에 넣기 어렵기 때문이며, 이것은 열평형의 조건 아래서 나오지 않은 복사를 포함해서 광범위한 복사장(場)들에 대해서도 기대될 수 있다(전파천문학자들은 이 부분의 스펙트럼을 레일리-진스 영역이라 부르는데, 레일리 경(Lord Rayleigh)과 진스 경(Sir James Jeans)이 처음으로 분석했기 때문이다). 우리가 실제로 흑체복사를 보고 있음을 증명하기 위해서는 플랑크 분포의 최댓값을 넘어 단파장 영역으로 들어가서 에너지 밀도가 정말로 양자론의 근거에서 기대되는 것처럼 파장의 감소와 함께 떨어지는가를 검토할 필요가 있다. 0.1cm보다 더 짧은 파장에서는, 전파 또는 초단파 천문학자들의 분야를 벗어나서 적외선 천문학이라는 새로운 연구 분야에 들어서는 것이다.

유감스럽게도 우리 행성의 대기는 0.3cm 이상의 파장에 대해서는 거의 투명하나, 더 짧은 파장에 대해서는 점점 불투명해진다. 그래서 어떠한 지상의 전파관측소도 비록 그것이 높은 산위에 위치해 있다 해도 0.3cm보다 훨씬 짧은 파장에서 우주의 배경복사를 측정할 수 있을 것 같지는 않다.

야릇하게도 제3장에서 지금껏 이야기한 어떠한 천문학의 연구보다도 먼저 배경복사가 측정 되었다. 그것도 전파 또는 적외선 천문학자에 의해서가 아니라 광학 천문학자들에 의해서다! 오피 우쿠스(Ophiuchus, 뱀주인) 자리에는 뜨겁다는 것밖에 별로 뚜렷할 게 없는 $\zeta$ 오프(Oph)라는 별과 지구 사이에 놓여 있는 성간 기체의 구름이 있다. $\zeta$ 오프의 스펙트럼은 비상하게 어두운 수많은 띠들(bands)로 줄쳐 있는데, 이것은 성간(星間)에 개재하는 기체가 한 무리의 독특한 파장들에서 빛을 흡수하고 있음을 암시하는 것이다. 이들은 바로 광자들이 기체 구름의 분자들에서 낮은 에너지 상태로부터 높은 에너지 상태로의 전이(轉移, transition)를 일으키는 데 필요한 에너지를 갖는 파장들이다(원자들처럼 분자들도 특정한 '양자화된' 에너지 상태에서만 존재한다). 이렇게 검은 띠들이 생기는 곳의 파장을 관찰함으로써 이들 분자의 성질에 관해 그리고 그들이 처하고 있는 에너지 상태에 관해 어떤 추측을 할 수 있다.

$\zeta$ 오프의 스펙트럼에 있는 흡수선들 중 하나는 3,875옹스트롬 단위(100만 분의 1cm의 38.75배)의 파장을 보이는데, 이것은 성간 구름에 탄소 원자 하나와 질소 원자 하나로 구성된 분자 시아노겐(CN)의 존재를 암시한다(엄격히 말하면 CN은 '기'라 불러야 한다. 이것은 정상 상태에서 재빨리 다른 원자들과 결합해서 더 안정한 분자들을 형성하는데, 독약 HCN이 그 보기다. 성간 공간에서 CN은 매우 안정하다). 1941년에 이 흡수선이 실제로는 분리되어 있어 파장 3874.608옹스트롬, 3875.763옹스트롬, 그리고 3873.998옹스트롬을 가진 세 가지 성분으로 되어있음이 아담스(W. S. Adams)와 맥켈러(A. McKellar)에 의해 발견되었다. 이 흡수선 파장들의 처음 것은 시아노겐 분자가 가장 낮은 에너지 상태(바닥 상태)에서 진동 상태로 올라가는 전이에 해당

되며, 시아노젠이 0의 온도에 있다고 해도 만들어질 수 있을 것으로 기대된다. 그러나 다른 두 선들은 오로지 분자가 바닥 상태 바로 위에 있는 회전 상태로부터 여러 다른 진동 상태들로 올라가는 전이에 의해서만 생길 수 있을 것이다. 그래서 성간 구름의 분자들 상당한 부분이 이 회전 상태에 있어야만 한다. 바닥 상태와 회전 상태 간 기지의 에너지 차와 관측된 여러 흡수선들의 상대적 강도를 사용해서 맥켈러는 이 시아노젠이 어떤 섭동(攝動)을 받고 있으며, 이 섭동이 시아노젠 분자를 회전 상태로 올릴 수 있는 약 2.3K의 유효 온도를 가졌다고 추정할 수 있었다.

당시에는 이 신비스런 섭동을 우주의 기원과 관련지을 아무런 근거도 있어 보이지 않았다. 그래서 이것은 큰 주의를 끌지 못했다. 그러나 1965년에 3K 우주배경복사 발견 후(조지 필드, 슈크로브스키, 울프에 의해서) 이것이 1941년에 관측되었던 오피우쿠스자리 구름에 있는 시아노젠 분자들의 회전을 유발하고 있는 바로 그 섭동이라는 것이 인식되었다. 이 회전을 유발하기에 필요한 흑체 광자의 파장은 0.263cm인데, 이것은 지상에 기지를 둔 전파천문학이 접근할 수 있는 어떠한 파장보다도 더 짧다. 그러나 이것도 3K 플랑크 분포에 대해서 예측되는 0.1cm 이하의 파장에서의 가파른 하락을 시험해 보기에 충분히 짧은 파장이 아니었다.

그 후 다른 회전 상태의 시아노젠 분자들 또는 여러 가지 회전 상태의 다른 분자들의 들뜸(excitation)으로 인한 흡수선이 탐색되었다. 1974년에 성간 시아노젠의 두 번째 회전 상태에 의한 흡수선이 관측되어 파장 0.132cm에서 복사 강도를 추정할 수 있었는데, 이것 역시 약 3K의 온도에 해당했다. 그러나 이러한 관측들은 지금까지 단지 0.1cm보다 더 짧은 파장에서 복사 에너지 밀도의 상한들만을 결정했다. 이 결과들이 복사 에너지 밀도가 흑체복사일 경우에 기대되는 것처럼 0.1cm의 파장 근방에서 급격하게 떨어지기 시작하는 것을 시사한다는 점에서는 고무적이었다. 그러나 이 상한들이, 복사가 정말로 흑체복사라는 것을 입증하거나 또는 정확한 복사온도를 결정하게 하지는 않는다.

이 문제를 극복하는 것은 기구나 로켓을 사용해서 지구의 대기 위로 적외선 수신기를 쏘아 올림으로써만 가능했다. 이런 실험들은 아주 어려워서 처음에는 일관성 없는 결과들만 주었기 때문에, 때로는 우주론의 표준모델 지지자를 격려하는가 하면, 또 그 반대자들을 격려하기도 했다. 코넬(Cornell)의 로켓 그룹이 짧은 파장들에서 플랑크의 흑체복사 분포에 대해 예측보다 훨씬 더 많은 복사를 발견하는가 하면, M.I.T.의 기구 그룹은 흑체복사에 대해 기대했던 바와 대략 일치하는 결과를 얻었다. 두 그룹은 다 같이 연구를 계속해서 1972년에는 3K에 가까운 온도를 가진 흑체복사를 암시하는 결과를 보고했다. 1976년에 버클리의 기구 그룹은 0.25cm에서 0.06cm에 이르는 단파장들에서 3K 근방에 0.1K 이내의 온도에 대해서 복사 에너지 밀도가 기대되는 양식으로 계속 떨어지는 것을 확인했다. 지금은 우주배경복사가 실제로 3K에 가까운 온도를 가진 흑체복사라는 사실이 결정된 것 같다.

여기서 아마 독자는 왜 이 문제가 적외선 장치를 인공위성에 실어 올려 지구 대기의 훨씬 위에서 정확한 측정을 함으로써 간단히 해결되지 못했으며, 또 그 많은 시간이 절약될 수 없었을까 하고 의아해 할지 모른다. 나도 사실 왜 이것이 가능하지 못했는지를 잘 모르겠다. 일반적인 이유는 3K처럼 낮은 온도를 측정하기 위해 장치를 액체 헬륨(냉부하)으로 냉각해야 하며, 이러한 저온 장치를 인공위성에 실어 보낼 기술이 아직 없다. 그러나 이처럼 우주적 규모의 연구는 항공 예산에서 더 큰 지원을 받을 가치가 있다는 생각을 금할 수 없다.

우주배경복사의 분포를 파장에 대해서 뿐만 아니라 방향에 대해 고려할 때, 지구의 대기 위에서 관측을 수행할 필요성이 더 커진다. 지금까지의 모든 관측은 배경복사가 완전히 등방적이라는, 곧 방향에 무관하다는 사실과 일치한다. 앞 장에서 이야기했듯이 이것은 우주 원리를 뒷받침하는 가장 강력한 논거 중 하나이다. 그러나 우주배경복사에 내재한 가능한 방향 의존성과 단순히 지구 대기의 효과로 인한 방향 의존성을 분별하기는 매우 어렵다. 사실 배경복사의 온도를 측정할 때 배경복사가 우리 대기로부터의 복사와 분별된 것도 우주배경복사가 등방적이라는 가정 아래서 이루어졌다.

초단파 배경복사의 방향 의존성을 이토록 매력적인 연구 과제로 만드는 것은 이 복사의 강도가 100%로 완전히 등방적이라고는 생각되지 않기 때문이다. 복사가 방출되었을 때 또는 그 후 실제 우주가 울퉁불퉁함으로 인해서 야기된 방향에 따른 약간의 강도의 변동이 있을 수도 있다. 예를 들어 형성 첫 단계에 있는 은하들이 평균보다는 약간 더 높은 흑체 온도를 가진 따뜻한 점들로 하늘에 나타나서 아마 반호분(半孤分)으로 펼쳐 있었을 수도 있다. 더욱이 우주를 통해 가는 지구의 운동으로 말미암아 온 하늘에 걸쳐 미소한 복사 강도의 변화가 있을 것은 거의 틀림없다. 지구는 태양 주위를 매초 30km의 속력으로 돌고 있으며, 태양계는 우리 은하의 회전에 의해 매초 약 250km의 속력으로 실려 다니고 있다. 우리의 은하가 전형적인 은하들의 우주적 분포에 대해서 얼마만큼의 속도를 가지는 지는 아무도 정확히 알 수 없지만, 아마 우리 은하는 어떤 방향으로 매초 수백 km의 속력으로 움직이고 있을 것으로 추측된다. 예컨대 지구가 우주의 평균 물질에 대해서, 따라서 복사 배경에 대해 매초 300km의 속력으로 움직이고 있다고 가상한다면, 지구 운동의 전방으로부터 또는 후방으로부터 오는 복사의 파장은 매초 300km의 광속에 대한 비, 혹은 0.1%만큼 각각 감소되거나 또는 증가되어야 할 것이다. 이렇게 등가 복사온도는 방향에 따라 미소하게 변화할 것인데 지구가 향해 가는 방향에서는 0.1%가 높고, 우리가 지나온 방향에서는 0.1%가 낮아야할 것이다. 지난 수년 동안 등가 복사온도의 어떤 방향 의존성에 관한 최선의 상한이 바로 약 0.1%였다. 그래서 우리는 우주를 통해 지구가 이동하는 속도를 측정할 수 있는지, 아직 확실치 않은 아쉬운 상황에 놓여 있다. 이 문제는 지구를 선회하는 인공위성으로부터 측정이 이루어질 때까지는 해결될 수 없을지 모른다(이 책의 마지막 교정이 행해지고 있을 때 나는 NASA의 존 매더(John Mather)로부터 우주 배경 탐사 인공위성 소식 1호를 받았다. 여기에는 M.I.T.의 레이니에 왜이스(Rainier Weiss) 이하 여섯 사람의 과학자들이 외계로부터 적외선 및 초단파 배경복사의 측정 가능성을 연구하기로 지정되었다고 발표되었다.

성공을 빈다).

우리는 우주의 초단파 배경복사가 우주의 복사와 물질이 한때 열평형의 상태에 있었다는 강력한 증거를 제공함을 보았다. 그러나 아직까지 관측된 등가 복사온도 3K라는 특별한 수치로부터 많은 우주론적 통찰을 유도해 내지 않았다. 사실은 이 복사온도가 처음 3분간의 역사를 추구하는 데 필요한 하나의 중요한 수의 결정을 가능케 한다.

이미 보았듯이 어느 주어진 온도에서 단위 부피당 광자의 수는 전형적인 파장의 3승에 반비례하며, 따라서 온도의 3승에 정비례한다. 정확히 1K의 온도에 대해서는 리터당 20,282.9의 광자가 있고, 따라서 3K 배경복사는 리터당 약 550,000개의 광자를 포함한다. 그러나 핵입자(중성자와 양성자)들의 밀도는 현재의 우주에서 1,000리터당 6내지 0.03입자 근방이다(이 상한은 제2장에서 언급한 임계 밀도의 두 배이며, 하한은 실제로 가시 은하들에서 관측된 낮은 추정 밀도이다). 이렇게 입자의 밀도를 어떤 값으로 잡느냐에 따라 오늘날 우주에는 핵입자마다에 대해 1억 내지 200억의 광자가 있다.

더구나 이 엄청난 광자 대 핵입자의 비는 아주 오랜 시간 동안 대체로 일정했다. 복사가 자유로이(온도가 약 3,000K 이하로 떨어진 후) 퍼져 나가고 있던 기간 동안에 배경 광자와 핵입자들은 창조되지도 파괴되지도 않았다. 그래서 그들의 비는 물론 상수로 남았다. 우리는 다음 장에서 이 비가 이전에도, 곧 개개의 광자들이 생성되고 파괴되고 있을 때에도 대체로 상수였다는 사실을 보게 될 것이다.

이것은 초단파 배경복사의 측정으로부터 나온 가장 중요한 정량적 결론이다.─우리가 우주의 초기 역사를 거슬러 돌아볼 수 있는 한, 중성자마다 또는 양성자당 1억 내지 200억 개의 광자들이 있었다는 것이다. 불필요한 모호함을 피하기 위해 나는 다음부터 끝수를 깎아버리고, 예시의 목적에서 간단히 우주가 평균 한 핵입자당 10억 개의 광자들을 가지고 있었고, 또 지금도 그렇다고 상정하겠다.

이 결론에서 한 가지 아주 중요한 결과가 나온다. 물질이 은하와 별들로 세분화된 것은 우주의 온도가, 전자(電子)들이 포획되어 원자들의 구성 요소가 되기에 충분할만큼 낮아진 뒤에야 비로소 시작되었다는 것이다. 중력이 고립된 파편들로 물질을 응어리지게 만들기 위해서는 중력은 물질의 압력과 물질에 연관된 복사를 극복해야 한다. 어떤 갓 생긴 덩어리 안의 중력은 덩어리의 크기와 함께 증가하지만 압력은 크기에 의존하지 않는다. 따라서 어떤 주어선 밀도와 압력에서 중력에 의한 응고가 시동하는 최소 질량이 있다. 이것을 '진스 질량(Jeans mass)'이라고 하며, 1902년, 제임스 진스 경이 별의 형성에 관한 이론에서 처음으로 도입했기 때문에 이와 같이 불린다. 진스 질량은 압력의 $\frac{3}{2}$승에 비례한다는 사실이 나온다(236페이지 수학적 주석 5 참조). 약 3,000K의 온도에서 전자들이 포획되어 원자들을 이루기 시작하기 바로 전에 복사의 압력은 엄청나게 컸으며, 이에 대응해서 진스 질량도 매우 커서 큰 은하 질량의 약 100만 배가량이나 되었다. 이때에는 은하나 은하 집단들도 생겨날 수가 없었는데, 그 이유는 이들이 충분히 큰 질량을 갖지 않기 때문이다. 그러나 얼마 후 전자들은 핵들과 결합해서 원자들이 되었고, 자유 전자의 소실과 함께 우주는 복사에 투명해졌으며, 따라서 복사압은 효과가 없게 되었다. 주어진 온도와 밀도에서 물질 또는 복사의 압력은 각각 입자의 수 또는 광자의 수에 단순히 비례한다. 그래서 복사압이 무효하게 되었을 때, 총 유효 압력은 약 10억의 인수만큼 떨어졌다. 진스 질량은 이 인수의 $\frac{3}{2}$ 승만큼 떨어져 은하 질량의 약 100만 분의 1이 되었다. 이때부터 물질의 압력은 너무 약해서 이 압력만으로는 물질이 우리가 하늘에 보는 은하들로 응고하는 것을 막을 수가 없었다.

이것은 우리가 실제로 은하들이 어떻게 생성되었는가를 이해하고 있다는 말이 아니다. 은하 생성의 이론은 오늘날에도 해결에 이르기는 요원하다. 이것은 천체물리학의 어려운 숙제 중 하나다. 그러나 그것은 다른 이야기다. 우리에게 중요한 것은 초기우주에서 온도가 약 3,000K 이상이었을 때 우주는 오늘날 우리가 하늘에서 보는 것과 같은 은하와 별들로 되어있었던 것이 아니고, 세분화되지 못한 이온화된 물질과 복사의 국물(soup)로 되어 있었다는 점이다.

엄청나게 큰 광자 대 핵입자의 비에서 나오는 또 다른 놀라운 결과는 비교적 멀지 않은 과거에 복사의 에너지가 우주의 물질에 포함되어 있는 에너지보다 더 컸을 때가 있었다는 것이다. 한 핵입자의 질량 안에 있는 에너지는 아인슈타인의 공식 $E = mc^2$에 의해서 약 9.39억 전자볼트로 주어진다. 3K의 흑체복사에서 한 광자의 평균 에너지는 훨씬 더 작은 약 0.0007전자볼트이므로 중성자 혹은 양성자당 10억 개의 광자가 있다고 해도 현재 우주의 대부분의 에너지는 복사가 아니고 물질의 형태로 있다.

그러나 더 이른 시기에는 온도가 한층 높았고, 따라서 한 중성자 또는 양성자의 질량 안에 있는 에너지는 항상 같은 반면에, 광자당 에너지는 더 컸다. 핵입자당 10억 개의 광자들로서 복사의 에너지가 물질의 에너지를 능가하기 위해서는 흑체—광자의 평균 에너지가 핵입자 질량 에너지의 약 10억 분의 1 혹은 1전자볼트보다 더 크기만 하면 된다. 이 경우는 온도가 현재보다 1,300배나 더 높았을 때로, 약 4,000K일 때였다. 이 온도는 우주에 대부분의 에너지가 복사 형태로 있었던 '복사지배(radiation-dominated)시대'와 대부분의 에너지가 핵입자들의 질량 안에 있는 '물질지배(matter-dominated)시대' 사이의 변천을 특징짓는다.

놀라운 것은 우주의 내용물이 3,000K에서 복사에 투명해지기 시작하고 있을 때와 바로 같은 시기에 복사지배의 우주에서 물질지배의 우주로 변천이 일어났다는 사실이다. 왜일까에 대해서는 흥미로운 주장들이 있지만 사실 아직 아무도 모른다. 사실 우리는 또 어느 변천이 먼저 일어났는지도 모르고 있다. 현재 핵입자당 100억 개의 광자가 있다고 하면 온도가 400K로 떨어질 때까지, 곧 우주의 내용물이 투명해진 훨씬 후에도 물질에 대한 복사의 우위가 지속되었을 것이다.

이 불확실한 점들이 초기우주를 기술하는 데 지장이 되지는 않는다. 우리에게 중요한 점은, 우주는 그 내용물이 투명해지기 훨씬 이전에 오직 오염물처럼 미량 물질을 포함하고 있었지만 주로 복사로 구성되었다고 간주될 수 있다는 사실이다. 초기우주의 엄청난 복사 에너지 밀도는 우주가 팽창함에 따라 광자의 파장이 적색 쪽으로 편이 됨으로써 소실되었고,

핵입자들과 전자들의 오염은 별, 바위, 그리고 현재 우주의 생명체들로 성장했다.

제4장

# 뜨거운 우주의 요리법

앞의 제2, 3장에서 논의된 관측 사실들은 우주가 팽창하고 있으며 현재 약 3K의 온도를 갖는 보편적인 배경복사로 가득 차 있다는 것을 밝혀 주었다. 이 복사는 우주가 사실상 불투명했을 때, 곧 현재 크기의 1,000분의 1정도로 작고 더 뜨거웠던 시기로부터 남아 온 것처럼 보인다(항상 하는 이야기지만 우주가 현재 크기의 1,000분의 1로 작았다는 말은 어떤 전형적인 입자들 쌍의 거리가 1,000분의 1로 작았다는 뜻이다). 처음 3분간에 관한 이야기의 마지막 준비로 더 이른 시기, 곧 우주가 더 작고 뜨거웠던 시기를 되돌아 보아야 한다. 우리는 당시에 지배하고 있던 물리적 조건들을 조사하기 위해 광학적 또는 전파망원경을 사용하기보다 이론의 눈을 가지고 살펴보기로 한다.

3장의 마지막에서 우리는 우주가 현재 크기의 1,000분의 1만큼 작고 우주의 물질적 내용물이 복사에 투명해지 시작한 찰나에 우주는 또한 복사지배의 시대로부터 물질지배의 시대로 넘어가고 있었다는 사실에 주의했다. 복사지배의 시대 동안에는 현재 존재하는 것과 동일한 핵입자당 막대한 광자의 수적 비율이 있었을 뿐 아니라 개개 광자들의 에너지가 충분히 컸기 때문에 우주 대부분의 에너지가 질량 형태가 아닌 복사의 형태로 있었다(광자는 질량이 없는 입자 혹은 '양자(量子)'이며 양자론에 의하면 빛은 양자로 구성되었다는 것을 상기할 것). 따라서 이 시대 동안에 우주가 전부 복사로 가득했었고 실질적으로 물질은 전혀 없었던 것처럼 취급해도 괜찮은 근사(近似)가 될 것이다.

이 결론에는 한 가지 중요한 단서가 붙어야 한다. 이 장에서 우리는 순수한 복사의 시대가 실제로 처음 3분간의 마지막에 온도가 수십억 K 이하로 떨어졌을 때 비로소 시작되었음을 보게 될 것이다. 더 이른 시기에는 물질이 중요했으나, 그 물질이란 우리의 현재 우주를 형성하는 물질과는 아주 다른 물질이었다. 그러나 그렇게 먼 과거를 되돌아보기 전에 우선 순수한 복사의 시대, 곧 처음 3분간의 마지막부터 수 10만 년 후 물질이 다시 복사보다 더 중요해지게 될 때까지를 간단히 고찰해 보기로 하자.

이 시대 동안의 우주 역사를 추적하기 위해 우리가 알아야 할 것은 일정한 순간에 모든 것이 얼마나 뜨거웠는가를 아는 것이 전부다. 혹은 다른 표현으로 우주가 팽창할 때, 온도가 우주의 크기와 어떻게 관계되는가이다.

복사가 자유롭게 퍼져 나갔다고 생각될 수 있다면 이 질문에 답하기는 쉬울 것이다. 각 광자의 파장은 우주가 팽창할 때 단순히 우주의 크기에 비례해서(적색편이에 의해) 늘어졌을 것이다. 더구나 앞 장에서 흑체복사의 평균 파장이 그 온도에 반비례하는 것을 보았다. 이렇게 해서 온도는 바로 지금도 그러한 것처럼 우주의 크기에 반비례해서 감소했을 것이다. 이론 우주론자에게 다행한 일은 이와 동일한 간단한 관계가, 복사가 정말로 자유롭게 퍼져 나가고 있었던 것이 아니라는 사실을 참작하더라도 성립된다는 것이다. ─사실 광자들과 비교적 소수의 전자들 및 핵입자들의 잦은 충돌이 복사지배 시대 동안에 우주의 내용물로 하여금 복사에 불투명하게 만들었다. 광자가 충돌하는 사이에 자유롭게 날아다니는 동안 그의 파장은 우주의 크기에 비례해서 증가했으며, 입자당 광자의 수가 아주 컸기 때문에 충돌은 단순히 물질의 온도로 하여금 복사온도에 따르도록 강제했을 것이고, 그 역은 아니다. 예컨대 우주가 지금보다 10,000분의 1로 작았을 때 온도는 비례적으로 더 높아서 약 30,000K가 되었을 것이다. 순수한 복사의 시대에 관해서는 이 정도로 해둔다.

우주의 역사를 점점 더 먼 과거로 거슬러 올라가 보면 마침내 광자들 상호 간의 충돌이 순수한 에너지로부터 물질 입자들을 생성시킬 수 있을 만큼 온도가 높았던 시점에 이르게 된다. 이렇게 순수한 복사 에너지로부터 생산된 물질 입자들은 처음 수 분 동안에 여러 가지 핵반응의 속도를 결정하는 데, 그리고 우주 자체의 팽창 속도를 결정하는 데도 바로 복사처럼 중요하다는 사실을 알게 될 것이다. 그러므로 정말 초기에 일어났던 사태의 과정을 이해하기 위해서는 복사 에너지로부터 수많은 물질 입자들을 생산하려면 우주가 얼마나 뜨거워야 했던가, 그리고 이렇게 해서 얼마나 많은 입자들이 생산되었던가를 알아야만 한다.

물질이 복사로부터 생산되는 과정은 빛의 양자상(量子像)을 통해서 가장 잘 이해될 수 있다. 두 개의 복사 양자, 혹은 광자가 충돌해서 소멸되고 그들의 에너지와 운동량은 두 개 또는 그 이상의 물질 입자를 생산하는 데 들어갈 수 있다(이 과정은 실제로 오늘날 고에너지 핵물리 실험실에서 간접적으로 관찰될 수 있다). 그런데 아인슈타인의 특수 상대성이론에 따르면 물질 입자는 정지 상태에서도 일정한 '정지 에너지(rest energy)'를 갖는데, 이것은 유명한 공식 $E=mc^2$으로 주어진다(여기서 $c$는 광속이다. 이것이 원자핵의 질량 일부가 소멸되어 핵반응에서 풀려 나오는 에너지의 근원이다). 따라서 두 개의 광자가 정면충돌해서 질량 $m$을 가진 두 개의 물질 입자를 생산하기 위해 각 광자의 에너지는 적어도 각 입자의 정지 에너지 $mc^2$과 같아야 한다. 개개 광자의 에너지가 $mc^2$보다 더 클 때도 이 반응은 여전히 일어날 것이며, 이 경우에 여분의 에너지는 단순히 물질 입자들이 높은 속도를 갖는 데 쓰일 것이다. 그러나 만약 광자들의 에너지가 $mc^2$ 이하이면, 두 광자의 충돌에서 질량 m의 입자들이 생산될 수 없다. 왜냐하면 이때에는 특별한 입자들의 질량을 생산하기에 충분한 에너지가 없기 때문이다.

복사가 얼마나 효과적으로 물질 입자들을 생산할 수 있는가를 판단하기 위해 우리는 복사장에서 개개 광자들의 특징적인 에너지를 알 필요가 있다. 이것은 주먹구구로도 당장의 목적에 충분할 정도로 잘 추정될 수 있다. 곧 특징적인 광자 에너지를 찾아내기 위해 단순히 복사온도와 볼츠만 상수(Boltzmann's constant)라는 통계역학의 기본 상수를 곱한다(루트비히 볼츠만(Ludwig Boltzmann)은 미국인 윌러드 기브스(Willard Gibbs)와 함께 현대 통계역학의 창시자이다. 1906년, 그의 자살은 적어도 부분적으로는 그의 논문에 대한 철학적인 반박에 연유한다고 하는데, 이 모든 논쟁은 벌써 해결된 지 오래다). 볼츠만 상수의 값은 켈빈당 0.00008617전자볼트이다. 예를 들어 우주의 내용물이 바로 투명해지기 시작하고 있을 때, 3,000K의 온도에서 각 광자의 특징적 에너지는 대략 '3,000K 곱하기 볼츠만 상수', 혹은 0.26전자볼트와 같다 (1전자볼트는 하나의 전자가 1볼트의 전위차를 통해 움직이면서 얻는 에너지임을 상기할 것. 화학 반응 에너지는 전형적으로 원자당 1전자볼트 자릿수의 크기인데, 이 때문에 3,000K을 넘는 온도의 복사는 많은 전자들이 원자들로 합쳐지는 것을 저지하기에 충분할 정도로 뜨겁다).

우리는 질량 $m$의 물질 입자를 생성하기 위해 특징적인 광자 에너지가 적어도 정지해 있는 입자의 에너지 $mc^2$과 같아야 함을 보았다. 특징적인 광자 에너지는 '온도 곱하기 볼츠만 상수'이니까 복사온도는 적어도 '정지 에너지 $mc^2$ 나누기 볼츠만 상수'의 크기가 되어야 한다. 곧 각 유형의 물질 입자에 대해서 정지 에너지 '$mc^2$ 나누기 볼츠만 상수'로 주어지는 '문턱온도(threshold temperature)'가 있어서, 복사 에너지로부터 이 유형의 입자들이 생성될 수 있으려면 이 온도에 이르러야 한다.

예컨대 가장 가벼운 물질 입자로 알려진 입자들은 전자 $e^-$와 양전자(陽電子) $e^+$이다. 양전자는 전자의 '반입자(反粒子, antiparticle)'이다.―곧 이것은 반대의 전하(음 대신 양)를 갖고 있으나, 질량과 스핀(spin)은 동일하다. 하나의 양전자가 전자와 충돌할 때 전하는 상쇄되어 없어지고 두 입자의 질량 안에 있는 에너지가 순수한 복사로서 나타난다. 물론 이 때문에 반전자들이 일상생활에서는 그렇게도 희귀하다.―이들은 얼마 살지 못하고 바로 전자를 만나서 소멸해 버린다(양전자는 1932년에 우주선에서 발견되었다). 이 소멸 과정(annihilation process)은 역방향으로도 진행될 수 있다.―즉 충분한 에너지를 가진 두 광자가 충돌해서 하나의 전자-양전자의 쌍을 만들어낼 수 있고, 이때 광자 에너지는 전자와 양전자의 질량으로 변환된다.

두 광자들이 정면충돌해서 하나의 전자와 하나의 양전자를 생산하기 위해서는, 광자의 에너지는 하나의 전자 또는 양전자의 질량 안에 있는

'정지 에너지' $mc^2$을 초과해야 한다. 이 에너지는 0.511003백만 전자볼트이다. 광자들이 이만한 에너지를 얻는 데 유리한 확률을 가질 문턱온도를 알기 위해서 우리는 이 에너지를 볼츠만 상수(켈빈당 0.00008617전자볼트)로 나누어 문턱온도 60억 K($6\times10^9$K)을 찾아낸다. 이보다 더 높은 어떠한 온도에서도 전자들과 양전자들은 광자들끼리의 충돌로부터 자유로이 창조될 수 있으니, 이것들은 아주 많은 수로 있었을 것이다(그런데 복사로부터 전자들과 반전자들이 창조되기 위해 필요한 것으로 유도해낸 $6\times10^9$K라는 문턱온도는 우리가 보통 현재의 우주에서 보는 어떠한 온도보다 훨씬 높다. 태양의 중심도 약 1,500만도에 불과하다. 이 때문에 빛이 밝다고 해서 허공으로부터 전자와 양전자들이 튀어나오는 것을 쉽게 볼 수는 없다).

비슷한 관찰이 어떤 유형의 입자에도 적용될 수 있다. 현대물리학의 하나의 기본 법칙으로서, 자연에 있는 어떠한 유형의 입자에 대해서도 정확히 같은 질량과 스핀을 갖지만, 반대의 전하를 가진 이것에 대응된 '반입자'가 있다. 유일한 예외는 광자 자신처럼 순수하게 중성인 어떤 입자들인데, 이것들은 이들 자신의 반입자들이라고 생각될 수 있다. 입자와 반입자의 관계는 교호적(交互的, reciprocal)이다. 양전자는 전자의 반입자이며 전자는 양전자의 반입자이다. 충분한 에너지만 있으면 어떠한 종류의 입자-반입자의 쌍도 광자의 쌍의 충돌에서 항상 창조될 수 있다(반입자들의 존재는 양자역학과 아인슈타인의 특수 상대성이론의 한 직접적 수학적 결과다. 반전자의 존재는 1930년에 폴 에이드리언 디랙(Paul Adrian Dirac)이 처음으로 이론적으로 유도했다. 그는 이론에 미지의 입자를 도입하기를 꺼렸기 때문에, 반전자를 당시에 알려져 있던 유일한 양(陽)으로 대전된 입자인 양성자(陽性子, proton)와 동일시했다. 1932년에 있었던 양전자(陽電子, positron)의 발견은 반입자의 이론을 입증했고, 또 양성자는 전자의 반입자가 아님을 증명했다. 양성자는 그 자신의 반입자인 반양성자를 갖는데, 이것은 1950년대에 버클리(Berkeley)에서 발견되었다).

전자와 양전자 다음으로 가장 가벼운 입자의 유형은 일종의 불안정한 무거운 전자인 뮤온(muon), 혹은 $\mu^-$와 그것의 반입자 $\mu^+$이다. 전자, 양전자의 경우와 똑같이 $\mu^-$와 $\mu^+$는 서로 반대되는 전하와 동일한 질량을 가지며, 광자들 상호 간의 충돌에서 창조될 수 있다. $\mu^-$와 $\mu^+$는 각각 105.6596백만 전자볼트의 정지 에너지 $mc^2$을 가지며, 이것을 볼츠만 상수로 나누면 대응된 문턱온도로서 1.2조도($1.2 \times 10^{12}$K)가 나온다. 다른 입자들에 대한 대응된 문턱온도는 206페이지의 표 1에 보였다. 이 표를 보면 우주 역사의 여러 시점에서 어떤 입자들이 다수로 존재했던가를 알 수 있다. 이러한 입자들은 바로 그 당시 우주의 온도보다 낮은 문턱온도를 갖는 입자들이다.

이들 물질 입자가 문턱온도 이상의 온도에서 실제로 얼마나 많이 있었는가? 초기우주에 지배적이던 높은 온도와 밀도의 조건 아래서 입자들의 수는 열평형의 기본적 조건에 좌우된다. 곧 입자들의 수는 매초 창조되는 것과 정확히 같은 수만큼 파괴되어야 했다(즉 수요와 공급이 같다). 어떤 입자-반입자의 쌍이 두 개의 광자로 소멸될 시간적 비율은 한 쌍의 광자가 이러한 입자와 반입자를 생산할 시간적 비율과 같다. 따라서 실제의 온도보다 낮은 문턱온도를 갖는 각 유형의 입자수와 광자수가 대체로 같아야 한다. 열평형의 조건이 요구하는 것은, 만약 입자들이 광자들보다 더 적으면 입자들은 증가할 것이고, 또 입자들이 광자들보다 더 많으면 입자들은 생산되기보다 더 빨리 파괴되어 그 수가 줄어야한다는 것이다. 예를 들어 문턱온도를 넘는 60억 도의 높은 온도에서 전자와 양전자의 수는 광자의 수와 대체로 같았을 것이고, 이러한 시기에는 우주가 광자들만으로 되어있는 것이 아니고 주로 광자, 전자 및 양전자들로 되어 있었다고 생각할 수 있다.

문턱온도 이상의 온도에서는 물질 입자도 광자와 매우 흡사하게 행동한다. 입자의 평균 에너지는 대략 '온도 곱하기 볼츠만 상수'와 같으므로 문턱온도 훨씬 위에서는 이 평균 에너지가 입자의 질량 안에 있는 에너지보다 훨씬 더 커서 질량은 무시될 수 있다. 이러한 조건 아래서 일정한 유형의 물질 입자가 기여하는 압력과 에너지 밀도는 바로 광자의 경우처럼 단순히 온도의 4승에 비례한다. 따라서 우리는 일정한 시점에서 우주가 여러 종류의 '복사'로 구성되어 있었고, 당시 우주의 온도를 밑도는 문턱온도를 갖는 입자의 각 종류(species)에 대해 한 종류씩의 복사가 해당된다고 생각할 수 있다. 특히 우주의 에너지 밀도는 언제나 온도의 4승에 비례할 뿐 아니라 그 당시 우주의 온도보다 낮은 문턱온도를 갖는 입자 종류의 수에도 비례한다. 온도가 아주 높아서 입자-반입자의 쌍들이 광자처럼 흔하게 열평형을 유지하는 이러한 상태는 현재의 우주에서 아마 폭발하는 별들의 중심부를 제외하고는 아무 곳에도 존재하지 않는다. 그렇지만 초기 우주의 이러한 이색적인 조건들 아래서 무엇이 일어날 수 있었던가에 관한 이론을 세우는 데에 우리는 안심하고 통계역학을 사용하며, 그만큼 통계역학의 지식을 충분히 신뢰한다.

정확을 기하기 위해 명심할 일은 양전자($e^+$) 같은 반입자가 별개의 종류로 간주된다는 것이다. 또한 광자나 전자 같은 입자들은 두 가지의 다른 스핀 상태로 존재하는데, 이 상태들도 별개의 종류로 간주되어야 한다. 마지막으로, 전자 같은(그러나 광자는 아니다) 입자들은 '파울리의 배타원리(排他原理, Pauli exclusion principle)'라는 특수한 법칙을 준수하는데, 이 법칙은 입자들이 동일한 상태를 점유하는 것을 금지한다. 또한 이 법칙 때문에 입자들의 전체 에너지 밀도에의 기여가 7/8의 인수만큼 작아진다(이 배타원리 때문에 한 원자 안에서 모든 전자들이 동일한 최저 에너지 각(殼)으로 떨어지는 것이 금지된다. 따라서 원소의 주기율표에 드러난 원자들의 복잡한 각구조(殼構造, shell structure)도 이로 말미암은 것이다). 각 유형의 입자들에 대한 유효 입자 종류의 수는 한계 온도와 함께 206페이지 표 1에 수록되어 있다. 일정한 온도에서 우주 에너지 밀도는 온도의 4승에 비례하고 또 우주의 온도보다 낮은 문턱온도 갖는 입자 종류의 유효수에 비례한다.

그럼 언제 우주가 이러한 높은 온도를 가졌던가 하는 질문으로 돌아가자. 우주의 팽창 속도를 좌우하는 것은 중력장과 우주 내용물의 외향(外向) 운동량의 균형이다. 그리고 초기우주에서 우주 중력장의 원천을 제공한 것은 광자, 전자, 양전자 등의 전체 에너지 밀도이다. 우리는 우주의 에너지 밀도가 본질적으로 온도에만 의존하는 것을 보았다. 그래서 우주의 온도는 일종의 시계로 사용될 수 있는데, 이 시계는 우주가 팽창할 때 똑딱거리는 대신에 식어간다. 더 자세히 말하면 우주의 에너지 밀도가 한 값으로부터 다른 값으로 떨어지는 데에 소요되는 시간은 에너지 밀도의 제곱근의 역수들의 차에 비례한다(228페이지 수학적 주석 3 참조). 우리는 에너지 밀도가 온도의 4승에 비례하며, 실제 온도보다 낮은 문턱온도를 갖는 입자 종류의 수에 비례함을 보았다. 따라서 온도가 어떤 '문턱온도' 값을 건너뛰지 않는 한, 우주가 냉각되어 한 온도로부터 다른 온도로 떨어지는 데 걸리는 시간은 이 온도들 제곱의 역수들의 차에 비례한다. 예를 들어 1억 도의 온도에서(전자들의 문턱온도보다 훨씬 낮다) 출발하면, 온도가 1,000만도로 떨어지는 데 0.06년(또는 22일)이 걸리고, 온도가 더 떨어져서 100만도가 되려면 6년이 더 걸리며, 10만도가 되려면 600년이 더 걸리고… 등이다. 우주가 냉각되어 1억 도에서 3,000K으로(곧 우주의 내용물이 복사에 투명하게 되는 점) 떨어지는 데에 걸리는 총 시간은 700,000년이었다(그림 8 참조). 물론 여기에서 '년'이란 일정한 수의 절대적 시간 단위를 뜻한다. 예컨대 이러한 시간 단위로 수소 원자에서 핵 주위를 도는 전자의 주기 따위를 쓸 수 있겠다. 우리가 여기에서 취급하고 있는 시기는 지구가 태양 주위를 회전하기 훨씬 이전이다.

만약 우주가 처음 몇 분 동안에 정말로 정확히 같은 수의 입자와 반입자들로 구성되어 있었다면 온도가 10억 도 이하로 떨어졌을 때 이 입자들은 모두 소멸되고, 복사 이외에는 아무것도 남지 않았을 것이다. 이러한 가능성을 부정하는 아주 좋은 증거가 있다.―우리가 여기 있지 않는가! 그러니 현재 우주의 물질을 마련하기 위해 입자와 반입자들이 소멸된 후에도 무엇인가 남는 것이 있으려면 양전자보다 얼마간 더 많은 전자들, 반양성자보다 과잉의 양성자, 그리고 반중성자보다 과잉의 중성자들이 있었어야 한다. 이 장에서 지금까지 나는 의식적으로 비교적 소량인 이 잔류 물질을 무시해 왔다. 우리의 원하는 바가 초기우주의 팽창 속도를 계산하는 것이 전부라면 그렇게 해도 괜찮은 근사가 된다. 앞 장에서 보았듯이, 우주가 약 4,000K으로 식을 때까지 핵입자들의 에너지 밀도는 복사의 에너지 밀도에 견줄 만큼 커지기 시작하지 못했다. 그렇지만 잔류 전자와 핵입자들의 아주 적은 양념에 우리가 특별히 주목해야 되는데, 왜냐하면 이것들이 주로 현재 우주의 내용물을 이루고 있으며, 특히 저자와 독자의 주성분이 되기 때문이다.

우리가 처음 몇 분 동안에 물질의 양이 반물질을 초과하고 있었다는 가능성을 인정하면 초기우주를 구성한 성분들의 자세한 목록을 정해야 한다. 6개월마다 로렌스 버클리 연구소(Lawrence Berkeley Laboratory)에서 발표되는 목록표에는 문자 그대로 수백 개의 소위 소립자(素粒子, elementary particle)들이 실려 있다. 우리가 이 많은 입자 유형 하나하나의 정확한 양을 제시해야 할 것인가? 그리고 왜 소립자에 그치겠는가?―그럼 나아가서 원자, 분자, 소금, 후춧가루의 유형들의 수도 다 제시해야만 할까? 이렇게 되면 우주가 너무 복잡하고 제멋대로여서 이해할만한 가치가 없는 것으로 결단하고 손을 드는 것이 낫겠다.

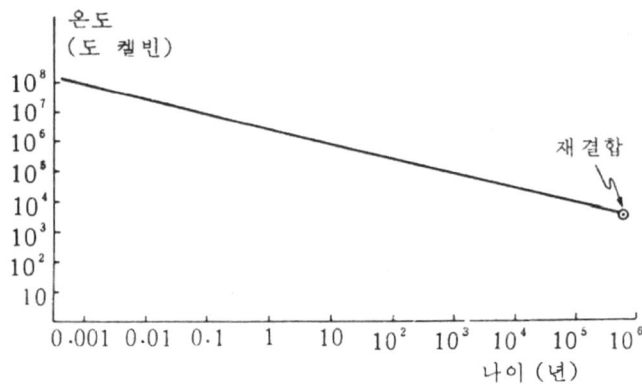

**그림 8. 복사지배의 시대:**
핵합성이 끝난 바로 후부터 핵과 전자들이 재결합해서 원자들로 되기까지의 기간 동안 우주의 온도를 시간의 함수로써 나타냈다.

다행히 우주는 그렇게 복잡하지 않다. 어떻게 우주의 내용물에 대한 요리법(recipe)을 만들 수 있는가를 보기 위해서는 열평형의 조건이 의미하는 것이 무엇인가를 좀 더 심사숙고해 볼 필요가 있다. 나는 이미 우주가 한 열평형의 상태를 지나왔다는 사실이 얼마나 중요한 의미를 갖는지를 강조한 바 있다. 바로 이 사실 때문에 우리가 일정한 시점에서 우주의 내용물에 관해 이렇게 자신 있게 이야기할 수 있는 것이다. 이 장에서 지금까지 우리가 논의한 것은 열평형에 있는 물질과 복사에 대한 일련의 알려진 성질들을 응용한 것에 불과했다.

충돌이나 다른 과정들이 물리적 계를 열평형의 상태로 가져올 때, 값이 변하지 않는 어떤 양들이 항상 있기 마련이다. 이들 '보존량(conserved quantities)' 중의 하나가 전체 에너지이다. 비록 충돌에서 한 입자로부터 다른 입자로 에너지가 전달되지만 충돌에 가담하는 입자들의 전체 에너지는 결코 변하지 않는다. 우리가 열평형에 있는 계의 성질들을 결정하려면 이러한 각각의 보존 법칙에 대해서 정확히 제시해 주어야 할 양이 있다.—왜냐하면 계가 열평형에 접근하는 과정에서 어떤 양이 변치 않는다면 그 양은 물론 열평형의 조건들에서 유도될 수 없고, 미리 알려져 있어야 하기 때문이다. 열평형에 있는 계에 관해서 정말 주목할 것은, 우리가 보존량의 값을 한번 제시하기만 하면 이 계의 모든 성질들이 일의적으로 결정된다는 사실이다. 우주는 한 열평형의 상태를 지나왔기 때문에, 초기 우주의 내용물에 대한 완전한 요리법을 주기 위해서는 우주가 팽창할 때 보존되었던 물리적 양들이 무엇이었으며, 이들 양의 값들이 어떠했는지를 알 필요가 있다. 보통 우리는 열평형에 있는 한계에 대해서 전체 에너지양 대신에 온도를 제시한다. 우리가 지금까지 주로 고찰해온 종류의 계, 곧 단지 복사와 또 동일한 수의 입자 및 반입자들로만 구성된 계에 대해서는, 계의 평형 성질들을 결정하기 위해 온도만 알고 있으면 된다. 그러나 일반적인 경우에는 에너지 외에도 다른 보존량이 더 있으며, 이 보존량 각각의 밀도가 제시되어야 한다.

예를 들어 실온에 있는 한 잔의 물속에서 하나의 물 분자가 하나의 수소 이온(발가벗은 양성자, 즉 전자가 벗겨진 수소의 핵)과 하나의 수산기 이온(hydroxylion, 한 개의 여분의 전자를 가지며 수소 원자에 구속된 한 소원자)으로 분리되는, 혹은 수소와 수산기 이온들이 물 분자들로 재결합되는 반응이 계속해서 일어나고 있다. 주목할 것은, 각각 이러한 반응에서 한 물 분자의 소거는 한 수소 이온의 출현을 동반하고 그 역현상도 일어난다는 것이다. 수소 이온들과 수산기 이온들이 항상 함께 출현하거나 소거되는 동안 여기에서 보존량은 '물 분자들의 총수 더하기 수소 이온의 수', 그리고 '수소 이온의 수 빼기 수산기 이온의 수'이다(물론 물 분자의 총수 더하기 수산기 이온의 수같이 다른 보존량도 있지만 이것은 위의 두 기본적인 보존량들의 단순한 조합에 불과하다). 이 물 한 잔의 성질들은, 온도가 300K(켈빈 척도로 실온)이고, '물 분자의 밀도 더하기 수소 이온의 밀도'가 $1cm^3$당 $3.3 \times 10^{22}$개의 분자 또는 이온(대략 해상 수준의 기압에서 물의 경우에 해당)이며, '수소 이온 빼기 수산기 이온의 밀도'가 0(순수한(net) 전하가 0임에 해당)임을 제시하면 완전히 결정될 수 있다. 이러한 조건들 아래서는 5억 개의 물 분자마다 한 개의 수소 이온이 있다는 사실이 밝혀진다. 여기에서 주의할 것은, 한 잔의 물에 대한 우리의 처방에서 이 사실을 제시할 필요가 없다는 점이다. 수소 이온의 구성 비율은 열평형의 법칙에서 유도된다. 반면에 보존량들의 밀도는 열평형의 조건들로부터 유도될 수 없다.―예컨대 '물 분자 더하기 수소 이온의 밀도'는 압력을 올리거나 내림으로써 $1cm^3$당 $3.3 \times 10^{22}$개의 분자보다 약간 더 크게 또는 더 작게 만들어질 수 있다. 그러나 우리의 잔 속에 무엇이 들어있는가를 알기 위해 보존량들의 밀도는 제시되어야 한다.

　이 보기는 또한 소위 '보존량'의 유동적인 의미를 이해하는 데도 도움이 된다. 예를 들어 위에 말한 물이, 별의 내부처럼 수백만 도의 온도에 있다면 물 분자 또는 이온이 해리되고, 성분 원자들은 그들의 전자를 잃게 되기 쉬울 것이다. 이때 보존량은 전자의 수, 산소 핵의 수, 그리고 수소 핵의 수이다. 이러한 조건들 아래서 '물 분자의 밀도 더하기 수산기 이온의 밀도'는 미리 제시되는 것이 아니라 통계역학의 법칙들로부터 계산되어야 한다. 물론 이 밀도는 아주 작다(지옥에서 눈 덩어리는 희귀할 것이다). 사실 이러한 상황에서는 핵반응이 일어나기 때문에 각 종류의 핵의 수들까지도 절대적으로 고정되어 있지 않다. 그러나 이 수들은 대단히 완만하게 변하기 때문에 별은 한 평형 상태에서 다른 평형 상태로 점차로 진전해 간다고 간주될 수 있다.

우리가 초기우주에서 접하는 수십억 도의 온도에서는 궁극적으로 원자핵들까지도 금방 그들의 성분인 양성자와 중성자들로 분리된다. 반응은 아주 빨라서 순수한 에너지로부터 물질과 반물질이 쉽사리 생성되거나 혹은 소멸될 수 있다. 이러한 상황 아래서 보존량은 어떤 특정한 종류의 입자수가 아니다. 여기에는(우리가 아는 한) 가능한 모든 조건들 아래서 준수되는 소수의 보존 법칙들만 남는다. 초기우주에 대한 우리의 요리법을 위해서는 단 세 가지 보존량들이 있는 것으로 믿어지는데, 이 양들의 밀도들은 미리 주어져야 한다.

    1. 전하(電荷, Electric Charge): 동일하고 반대 부호의 전하를 가진 입자의 쌍은 창조되거나 파괴될 수 있다. 그러나 순수한(net) 전하는 결코 변하지 않는다(우리는 다른 어떠한 보존 법칙보다 이 보존 법칙을

더 확신할 수 있는데, 만약에 전하가 보존되지 않는다면 전자기(電磁氣)의 맥스웰(Maxwell) 이론이 아무 의미도 갖지 못하기 때문이다).

2. 바리온수(Baryon Number): '바리온'이란 하나의 총괄적인 술어로서 핵입자들인 양성자(proton)와 중성자(neutron) 그리고 하이퍼론(hyperon)이라는 좀 더 무거운 불안정한 입자들을 말한다. 바리온과 반바리온은 쌍으로 창조되거나 파괴될 수 있다. 그리고 중성자가 양성자로 변환되는, 혹은 그 역변환이 일어나는 방사능핵(放射能核, radioactive nucleus)의 '베타 붕괴(beta decay)'처럼 바리온은 다른 바리온으로 붕괴될 수 있다. 그러나 '바리온의 총수 빼기 반바리온(반양성자, 반중성자, 반하이퍼론 등)의 수'는 결코 변하지 않는다. 이런 까닭으로 우리는 양성자, 중성자, 하이퍼론에 +1의 '바리온수'를, 그리고 대응되는 반입자들에게는 -1의 '바리온수'를 붙인다. 그러면 총 바리온수는 결코 변하지 않는다는 규칙이 성립한다. 바리온수가 전하처럼 어떤 동력학적 의미를 갖는 것 같지는 않다. 우리가 아는 한 전기장 또는 자기장처럼 바리온수에 의해 만들어지는 장(場, field)이란 없다. 바리온수는 일종의 장부 정리를 위해 고안된 것으로서, 바리온수가 갖는 의미는 오로지 그것이 보존된다는 데 있다.

3. 렙톤수(Lepton Number): '렙톤'에는 가벼운 음으로 대전된 입자들 전자와 뮤온(muon) 및 전기적으로 중성이며 질량 0인 뉴트리노(neutrino)라는 입자와 각각 이들의 반입자인 양전자(positron), 반뮤온(antimuon) 및 반뉴트리노(antineutrino) 등이 세어진다. 뉴트리노와 반뉴트리노는 비록 0의 질량, 0의 전하를 갖지만, 광자가 가상적인 입자가 아닌 것처럼 이들도 가상적인 입자가 아니다. 렙톤수의 보존 법칙은 또 하나의 장부 정리용 규칙이다.—이 경우에는 '총 렙톤수 빼기 총 반렙톤수'는 결코 변하지 않는다(1962년에 뉴트리노 빔(beam)을 사용한 실험에서 실제로 적어도 두 가지의 뉴트리노 유형, '전자형(electron type)'과 '뮤온형(muon type)'이 있다는 사실이 밝혀졌다. 전자형 렙톤수는 '총 전자수 더하기 전자형 뉴트리노 빼기 이들의 반입자수'이며, 뮤온형 렙톤수는 '총 뮤온수 더하기 뮤온형 뉴트리노수 빼기 그들의 반입자수'이다. 이 두 가지 유형의 렙톤수는 절대적으로 보존되는 것처럼 보이나 완전히 확신할 수는 없다).

이 규칙들이 적용되는 좋은 보기로 하나의 중성자 $n$이 하나의 양성자 $p$, 하나의 전자 $e^-$, 그리고 하나의 (전자형) 반뉴트리노 $\bar{\nu}_e$로 변환되는 방사성 붕괴가 있다. 각 입자의 전하, 바리온수, 렙톤수는 다음과 같다.

|  | $n$ | $\rightarrow$ | $p$ | $+$ | $e^-$ | $+$ | $\bar{\nu}_e$ |
|---|---|---|---|---|---|---|---|
| 전하 | 0 |  | +1 |  | -1 |  | 0 |
| 바리온수 | +1 |  | +1 |  | 0 |  | 0 |
| 렙톤수 | 0 |  | 0 |  | +1 |  | -1 |

 독자는 최종 상태의 입자들에 대한 어떠한 보존량 값들의 합도 처음 중성자의 동일한 양에 대한 값과 같음을 쉽게 검토할 수 있을 것이다. 이것이 바로 이들 양이 보존된다는 의미다. 보존 법칙은 결코 실속 없는 것이 아니다. 왜냐하면 이것은 아주 많은 반응이 일어나지 못하는 것을 말해주기 때문인데, 예컨대 하나의 중성자가 하나의 양성자, 하나의 전자, 그리고 하나보다 더 많은 반뉴트리노로 되는 붕괴 과정 같은 것은 금지된다.

 일정한 시점에서 우주의 내용물에 대한 요리법을 완성하기 위해 우리는 이렇게 그 당시의 온도뿐 아니라 단위 부피당 전하, 바리온수, 그리고 렙톤수를 미리 주어야 한다. 보존 법칙들은 우주와 함께 팽창하는 어떠한 부피 안에서도 이들 양의 값들이 고정된 채로 변치 않음을 말해준다. 따라서 단위 부피당 전하, 바리온수, 그리고 렙톤수는 단순히 우주의 크기의 역 3승으로 변한다. 그런데 단위 부피당 광자수도 역시 우주 크기의 역 3승으로 변한다(3장에서 우리는 단위 부피당 광자수가 온도의 3승에 비례함을 보았는데, 온도는 이 장의 서두에서 이야기했듯이 우주의 크기에 반비례한다). 그러므로 광자당 전하, 바리온수, 그리고 렙톤수는 고정된 채로 변하지 않는다. 따라서 광자수에 대한 비로 이 보존량들의 값을 제시하기만 하면 우리의 요리법은 결정적으로 작성되어 버린다.

[엄격히 말하면 우주 크기의 역 3승으로 변하는 양은 단위 부피당 광자수가 아니고 단위 부피당 엔트로피(entropy)이다. 엔트로피란 물리적 계의 무질서 정도와 관련된 통계역학의 한 기본량이다. 관례적인 수치 인자를 제외하면, 엔트로피는 열평형에 있는 광자들은 물론 물질 입자들을 포함한 모든 입자의 총수에 의해서 충분히 좋은 근사로 주어진다. 이때 여러 가지 입자 종류는 206페이지의 표 1에 보인 것처럼 하중(荷重)된다. 우리가 우주를 특징짓기 위해 실제로 사용하는 상수는 전하의 엔트로피에 대한 비, 바리온수의 엔트로피에 대한 비, 그리고 렙톤수의 엔트로피에 대한 비 등이다. 그러나 아주 높은 온도에서도 물질 입자는 많아야 광자수와 같은 자릿수의 크기를 갖는다. 따라서 우리가 비교의 표준으로서 엔트로피 대신에 광자수를 사용해도 심한 오류를 범하지는 않는다.]

광자당 우주의 전하를 추산하기는 어렵지 않다. 우리가 아는 한 평균 전하 밀도는 전 우주에 걸쳐서 0이다. 만약에 지구와 태양이 음전하에 대한 과잉의 양전하를(혹은 그 역으로) 단지 1조·조·조($10^{36}$) 분의 1만 가진다고 가정해도 이들 사이의 전기적 반발력은 중력으로 인한 인력보다 더 클 것이다. 우주가 유한하고 닫혀 있다면, 우리는 이러한 고찰을 하나의 정리(定理)의 지위로까지 격상시킬 수 있다. 곧 우주의 순수한 전하(net charge)는 0이다. 왜냐하면 그렇지 않다고 할 때 전기력선들은 우주를 빙빙 휘감아 결국 무한한 전기장을 만들 것이기 때문이다. 그러나 우주가 열려있거나 닫혔거나 간에 광자당 우주의 전하는 무시할 정도임을 안심하고 말할 수 있다.

광자당 바리온수도 역시 쉽게 추산된다. 유일하게 안정한 바리온은 핵입자들인 양성자와 중성자, 그리고 그들의 반입자들, 반양성자와 반중성자이다(사실 자유 중성자는 불안정해서 15.3분의 평균 수명을 갖는다. 그러나 핵력(核力, nuclear force)은 보통 물질의 원자핵 안에서 중성자를 절대적으로 안정한 입자로 만든다). 또 우리가 아는 한 우주에는 이렇다 할 양의 반물질이 없다(이에 관해서는 다음에 더 설명한다). 따라서 현재 우주의 어떤 부분의 바리온수도 본질적으로 핵입자수와 같다. 앞 장에서 우리는 현재 초단파 배경복사에는 매 10억 개의 광자에 대해 하나의 핵입자가 있다는 (정확한 값은 모른다) 것을 보았다. 따라서 광자당 바리온수는 약 10억 분의 $1(10^{-9})$이다.

이것은 정말 놀라운 결론이다. 이것이 의미하는 바가 무엇인가를 알기 위해 온도가 중성자와 양성자에 대한 문턱온도인 약 10조 도($10^{13}$K) 이상이었던 과거의 한 시점을 생각해 보자. 그때 우주는 핵입자와 반핵입자를 풍부하게 포함하고 있었을 것이고 그 수는 대략 광자의 수만큼이나 되었을 것이다. 그러나 바리온수는 핵입자수와 반입자수의 차이다. 만약에 이 차가 광자수, 즉 핵입자 총수의 10억 분의 1밖에 안 되었다면 핵입자의 수는 그의 반입자의 수보다 단지 10억에 하나꼴로 더 많았을 것이다. 이렇게 보면, 우주가 핵입자에 대한 문턱온도 이하로 식었을 때 반입자들은 모두 대응된 입자들과 함께 소멸되고, 반입자에 대한 입자의 미소한 과잉만 잔류물로 남아서 마침내 우리의 세상으로 변천되었다.

우주론에 10억 분의 1이라는 이처럼 작고 순수한 수치가 등장했을 때,

어떤 이론가들은 이 수가 사실은 0이라고 생각했다. 이것은 곧 우주에는 실제로 같은 양의 물질과 반물질이 있다는 말이 된다. 그렇다면 광자당 바리온수가 10억 분의 1이 되어 보이는 사실을 설명하기 위해서는 우주의 온도가 핵입자들에 대한 문턱온도 이하로 떨어지기 전 어느 때에 우주가 여러 개의 영역으로 분리되어, 어떤 영역에서는 반물질에 대한 약간의 물질 과잉(10억당 몇 개)이 있었고 다른 영역에서는 물질에 대한 약간의 반물질 과잉이 있었다고 가정해야 할 것이다. 온도가 떨어지고 가능한 한 많은 입자-반입자의 쌍이 소멸된 후에는 순수한 물질의 영역과 순수한 반물질의 영역들로 구성된 우주가 남을 것이다. 이 견해의 난점은 아무도 우주와 어떤 곳에 감지할 수 있을만한 양의 반물질이 있다는 흔적을 보지 못한 데에 있다. 지구 대기의 상층에 들어오는 우주선(cosmic ray)의 일부는 우리 은하 안의 먼 거리로부터 오고, 일부는 아마 우리 은하 외부로부터 오고 있다고 믿어진다. 이 우주선은 반물질보다 압도적으로 많은 물질로 되어 있다.―사실 여태까지 아무도 우주선에서 반양성자 혹은 반핵(antinucleus)을 관찰하지 못했다. 더욱이 우주적 규모로 물질과 반물질이 소멸해서 생겨날 수 있는 광자들은 관측되지 않았다.

또 다른 하나의 가능성은 광자의(혹은 더 정확하게 엔트로피의) 밀도가 쭉 우주 크기의 역 3승에 비례한 채로 있지는 않았다는 생각이다. 이러한 일은 만약에 열평형으로부터의 어떤 편의(偏倚)가 있었다면 일어날 수 있었을 것이다. 곧 우주를 가열해서 여분의 광자를 생산할 수 있는 어떤 종류의 마찰 혹은 점성(粘性) 같은 것이 있었다면 말이다. 이 경우에 광자당 바리온수는 아마 하나 근방의 어떤 값에서 출발해서 더 많은 광자들이 생산되었을 때 현재의 낮은 값으로 떨어졌을 수도 있다. 이 의견의 난점은 아무도 이 여분의 광자들을 생산하기 위한 어떤 상세한 기구(機構)를 제안할 수 없었다는 점이다. 나 역시 수년 전에 이러한 기구를 찾아보려고 했지만 성공하지 못했다.

다음에는 이런 모든 '비표준적' 가능성들을 무시하고 광자당 바리온수가 그렇게 보이는 것처럼 약 10억에 하나라고 가정하겠다.

우주의 렙톤수 밀도는 어떤가? 우주가 전하를 갖지 않는다는 사실로부터 우리는 현재 양으로 대전된 양성자마다 정확히 한 개의 음으로 대천된 전자가 있음을 금방 알 수 있다. 현재의 우주에서 핵입자의 약 87%는 양성자이다. 따라서 전자의 수는 핵입자의 총수에 가깝다. 만약 전자가 현재의 우주에 있는 유일한 렙톤이라고 가정한다면 광자당 렙톤수는 대략 광자당 바리온수와 같다고 결론할 수 있을 것이다.

그러나 전자와 양전자 외에도 0이 아닌 렙톤수를 갖는 다른 종류의 안정한 입자가 있다. 뉴트리노와 반뉴트리노는 무질량(無質量)의 입자이며, 각각 렙톤수 +1과 −1을 갖는다. 따라서 현재 우주의 렙톤수 밀도를 결정하기 위해 우리는 뉴트리노와 반뉴트리노의 수에 관해서 약간 알아야 한다.

하지만 불행히도 이에 관한 정보를 얻기가 무척 어렵다. 뉴트리노는 원자핵 안에 양성자와 중성자들을 붙들어 놓는 강한 핵력(nuclear force)을 느끼지 못하는 점에서 전자와 비슷하다(때때로 나는 뉴트리노 또는 반뉴트리노를 뜻하는 데에 '뉴트리노'라고만 쓰겠다). 그러나 전자와 같지 않은 점은 뉴트리노가 전기적으로 중성이라는 것이다. 따라서 뉴트리노는 또 원자 안에 전자들을 붙들어 놓는 힘 같은 전기 및 자기력도 느끼지 못한다. 사실 뉴트리노는 어떤 종류의 힘에도 별로 많은 반응을 보이지 않는다. 이들은 우주 안에 있는 다른 모든 것처럼 중력에는 반응을 보이고, 또 전에(130페이지를 보라) 언급한 중성자 붕괴와 같은 방사능 과정의 원인이 되는 약한 힘(weak force)을 느끼지만, 이 힘은 보통 물질과 미약한 상호작용을 할 뿐이다. 뉴트리노가 얼마나 약하게 상호작용을 하는가를 보이기 위해 통상 이용되는 예가 있다. 우리가 어떤 방사능 과정에서 생산된 뉴트리노를 정지시키거나 산란시킬 확률이 감지될 정도로 만들려면, 이 뉴트리노의 통로에 수광년 길이의 납을 놓아야 한다는 것이다. 태양은 뉴트리노를 계속해서 방사하고 있는데, 이 뉴트리노들은 낮에는 우리를 내리쬐고, 태양이 지구의 반대편에 있는 밤에는 우리를 올려 쬔다. 왜냐하면 지구가 뉴트리노에 대해 완전히 투명하기 때문이다. 뉴트리노는 관찰되기 훨씬 전에 볼프강 파울리(Wolfgang Pauli)가 중성자 붕괴와 같은 과정에서 에너지 균형을 설명하기 위한 수단으로서 가정했다. 뉴트리노와 반뉴트리노의 직접적 검출은 1950년대 후기 이래 원자로나 입자 가속기에서 방대한 양을 생산해 실제로 수백 개를 검출 장치 안에 정지시킴으로써 비로소 가능했다. 이렇게 비상하게 약한 상호작용으로 보아 비록 우리가 이들의 존재에 관해 어떠한 암시도 얻지 못하지만 엄청난 수의 뉴트리노와 반뉴트리노가 우리 주위의 우주를 채우고 있음을 쉽게 짐작할 수 있다. 충분한 근거는 없다 해도 뉴트리노와 반뉴트리노 수에 어떤 상한을 정할 수는 있다. 만약 이 입자들이 너무 많이 있다고 가정하면 어떤 약한 핵붕괴 과정들은 미약하게나마 영향을 받을 것이며, 더구나 우주의 팽창은 관측된 것보다 더욱 급속하게 감속되고 있어야 할 것이다. 그렇지만 이 상한이, 대략 광자와 같은 수의 뉴트리노 및 또는 반뉴트리노가 있고 이들이 광자와 비슷한 에너지를 가지고 있을 가능성을 배제하지는 않는다.

그럼에도 불구하고 우주론자들은 광자당 렙톤수(전자, 뮤온, 그리고 뉴트리노의 수—이들에 대응된 반입자의 수)가 작아서 1이 훨씬 못된다고 가정하는 것이 상례다. 이 가정은 유사성의 근거에서 나온 것이다.—광자당 바리온수는 작다. 그러므로 광자당 렙톤수도 작지 않을 이유가 어디에 있겠는가? 이것은 '표준 모델'을 밑받침하는 가정들 중 가장 불확실한 것이지만, 다행히 이 가정이 틀린다고 해도 우리가 이로부터 유도하는 일반적인 상(像)은 단지 세부 항목에서만 변경될 뿐일 것이다.

물론 전자에 대한 문턱온도 이상에서는 많은 렙톤과 반렙톤이 있었다.—대략 광자만큼 많은 전자와 양전자들, 또 이런 조건 아래서 우주는 대단히 뜨겁고 조밀해서 유령 같은 뉴트리노까지도 열평형에 도달하며, 그 결과 광자만큼이나 많은 뉴트리노와 반뉴트리노가 있었다. 표준 모델에서 사용된 가정은 렙톤수, 곧 렙톤수와 반렙톤수의 차는 현재도 그렇고 과거에도 광자수보다 훨씬 작았다는 것이다. 전에 언급한 반바리온에 대한 약간의 바리온 과잉처럼 반렙톤에 대한 렙톤의 약간의 과잉이 있었으며, 또 이것이 현재까지 유지되고 있다고 생각할 수 있다. 더욱이 뉴트리노와 반뉴트리노는 대단히 약한 상호작용을 하기 때문에 그들의 많은 수는 소멸을 피했을 수 있고, 이런 경우 지금은 광자의 수에 비견될 정도의 대략 같은 수의 뉴트리노와 반뉴트리노가 있을 것이다. 다음 장에서 우리는 이것이 사실로 믿어진다는 것과 그렇다고 해도 내다볼 수 있는 장래에 우리 주위에서 방대한 수의 뉴트리노와 반뉴트리노를 관측할 가능성은 아주 희박하다는 것을 보게 될 것이다.

그러면 초기우주의 내용물에 대한 우리의 요리법을 간단히 들어보자. 광자당 전하는 0으로 놓고, 광자당 바리온수는 10억에 하나로 놓으며, 광자당 렙톤수는 확실치 않으나 작다고 놓는다. 일정한 시점에서 온도는 현재의 배경복사 온도 3K보다 현재 우주 크기의 당시 우주의 크기에 대한 비만큼 더 높다고 가정하자. 잘 저어서 여러 가지 유형 입자들의 상세한 분포가 열평형의 조건에 의해 결정되도록 하자. 이 모든 것을 매질에 의해서 생긴 중력의 지배를 받는 팽창 속도로 팽창하는 우주 안에 갖다 놓자. 충분히 오래 기다리고 나면 이 반죽은 우리의 현재 우주로 변할 것이다.

제5장

# 처음 3분간

이제 우리는 우주가 탄생한 뒤 처음 3분 동안의 진화를 추적할 준비가 되었다. 초기우주에서는 사건이 훨씬 더 빠르게 전개되므로, 일반적인 영화처럼 등시간 간격으로 장면을 나열하는 방식은 적절하지 않다. 대신, 나는 필름의 재생 속도를 우주의 온도 변화에 맞추어 조절할 것이다. 구체적으로, 우주의 온도가 약 3배씩 떨어질 때마다 카메라를 정지시켜 사진을 찍겠다.

유감스럽게도 나는 필름을 시점 0, 그리고 무한히 높은 온도에서 시작할 수 없다. 약 1.5조 K(2K) 이상에서 우주는 수많은 파이-중간자($\pi$, meson)로 알려진 입자들을 포함하고 있을 것인데, 이 파이-중간자는 핵입자의 약 1/7 정도로 무겁다(206페이지 표 1 참조). 전자, 양전자, 뮤온, 그리고 뉴트리노 등과 달라서 파이-중간자는 서로 또 핵입자와 아주 강하게 상호작용을 한다.—사실 핵입자 간에 일어나는 계속적인 파이-중간자의 교환이 원자핵을 붙들어 놓는 대부분의 인력 원인이 된다. 이렇게 강하게 상호작용을 하는 입자가 무수히 많다는 사실은 초고온에서 물질의 행동을 계산하기 어렵게 만든다. 그래서 이렇게 어려운 수학적 문제를 피하기 위해 나는 이 장에서 파이-중간자, 뮤온, 그리고 더 무거운 입자들에 대한 문턱 온도보다 낮은 1,000억 도까지 우주가 식었을 때, 곧 시초 후 약 100분의 1초부터 이야기를 시작하려 한다. 바로 시초에 더 가까웠을 때 무엇이 일어나고 있었던가에 대해서는 7장에서 현재 이론물리학자들이 생각하는 바를 조금 이야기하겠다.

이제 우리의 필름을 돌려보자.

첫 번째 화면. 우주의 온도는 1,000억 켈빈($10^{11}$K)이다. 우주가 다시금 지금처럼 간단하고 쉽게 기술되기는 어려울 것이다. 우주는 물질과 복사의 국물로 채워졌고, 이들의 각 입자는 다른 입자와 아주 빈번히 충돌한다. 이래서 빠른 팽창에도 불구하고 우주는 거의 완전한 열평형의 상태에 있다. 따라서 우주의 내용물은 통계역학의 법칙들에 따르고, 첫 번째 화면 이전에 일어난 일에는 전혀 무관하다. 우리가 알 필요가 있는 것은 온도가 $10^{11}$K라는 것과 보존량들이—전하, 바리온수, 렙톤수—모두 아주 작거나 혹은 0이라는 것이 전부다.

풍부하게 존재하는 입자들은 $10^{11}$K보다 낮은 문턱온도를 갖는 것들인데, 이들은 전자 및 그의 반입자인 양전자이며, 물론 무질량의 입자들—광자, 뉴트리노, 및 반뉴트리노 등—이 여기에 해당한다(206페이지 표 1 재참조). 우주는 대단히 조밀하기 때문에 납덩이 속을 수년 동안이나 지나다녀도 산란되지 않는다는 뉴트리노까지도 전자, 양전자, 광자들과 뉴트리노끼리의 빠른 충돌에 의해서 이들과 열평형을 유지한다(또 다시 하는 이야기인데, 내가 단순히 "뉴트리노"라고 말할 때, 그것은 뉴트리노와 반뉴트리노를 뜻한다).

우리의 기술을 아주 간단하게 만드는 또 한 가지 사실은 $10^{11}$K의 온도가 전자와 양전자의 문턱온도보다 훨씬 높다는 것이다. 따라서 광자와 뉴트리노는 물론이고, 이 입자들도 다른 많은 종류의 복사와 똑같이 행동한다. 이 여러 종류의 복사 에너지 밀도는 얼마나 될까? 206페이지의 표 1에 의하면 전자와 양전자는 합해서 광자보다 7/4배만큼의 에너지를 기여하고, 뉴트리노와 반뉴트리노는 전자 및 양전자와 같은 에너지를 기여한다. 따라서 전체 에너지 밀도는 이 온도에서 순수한 전자복사(電磁輻射)에 대한 에너지 밀도보다 인수

$$\frac{7}{4} + \frac{7}{4} + 1 = \frac{9}{2}$$

곱만큼 더 크다. 스테판-볼츠만 법칙(3장 참조)에 따르면 $10^{11}$K의 온도에서 전자기 복사의 에너지 밀도는 리터당 $4.72 \times 10^{44}$전자볼트이다. 따라서 이 온도에서 우주의 에너지 밀도는 이의 9/2배, 혹은 리터당 $21 \times 10^{44}$전자볼트였다. 이것은 리터당 38억 kg의 질량 밀도, 혹은 지상의 정상 상태 아래서 물의 밀도의 38억 배와 등가이다(에너지가 일정한 질량과 등가(equivalent)라고 말할 때, 이것이 의미하는 것은 질량이 전부 에너지로 변환된다는 가정 아래 아인슈타인의 공식 E = $mc^2$에 의거해서 풀려나올 에너지임을 뜻한다). 에베레스트산이 이만치 큰 밀도를 갖는다면 그의 중력으로 인한 인력은 지구를 파괴해 버릴 것이다.

첫 번째 화면의 우주는 급속히 팽창하며 식어간다. 팽창 속도는 우주의 각 부분이 어떤 임의의 중심으로부터 바로 이탈 속도로 멀어져 간다는 조건에 의해서 결정된다. 첫 번째 화면의 엄청난 밀도에서는 이탈 속도도 대응해서 높다.─우주의 팽창에 대한 특성 시간은 약 0.02초이다(228페이지 수학적 주석 3 참조. '특성 팽창 시간(characteristic expansion time)'은 대충 우주의 크기가 1% 증가하는 시간 길이의 100배로 정의될 수 있다. 더 정확히 말하면 어느 시

기의 특성 팽창 시간은 그 당시의 '허블 상수'의 역수이다. 2장에서 언급한 것처럼, 중력으로 말미암아 팽창이 계속해서 늦춰지기 때문에 우주의 나이는 항상 특성 팽창 시간보다 더 적다).

첫 번째 화면의 시기에는 소수의 핵입자들이 있는데, 10억 개의 광자 또는 전자 또는 뉴트리노마다 대략 하나꼴의 양성자 또는 중성자이다. 마침내 초기우주에서 생성될 화학 원소들의 존재비(abundance)를 예언하기 위해 우리는 또한 양성자와 중성자의 상대적 비율을 알 필요가 있다. 중성자는 양성자보다 더 무거운데, 그 질량 차이는 1.293백만 전자볼트의 에너지와 등가이다. 그러나 $10^{11}K$의 온도에서 전자, 양전자 등의 특징적인 에너지는 훨씬 더 커서 약 1,000만 전자볼트(볼츠만 상수 곱하기 온도)나 된다. 이렇게 중성자 또는 양성자가 그보다 훨씬 더 많은 수의 전자, 양전자 등과 충돌할 때, 양성자에서 중성자로의 변환과, 중성자에서 양성자로의 변환이 빠르게 일어난다. 가장 주요한 반응들은 다음과 같다.

반뉴트리노와 양성자가 양전자와 중성자를 낳는 것
(그리고 이의 역반응)
뉴트리노와 중성자가 전자와 양성자를 낳는 것
(그리고 이의 역반응)

순수한(net) 렙톤수와 광자당 전하가 아주 작다는 우리의 가정 아래서는 반뉴트리노와 거의 정확히 같은 수의 뉴트리노가 있고, 전자와 거의 같은 수의 양전자가 있기 때문에 양성자에서 중성자로의 변환은 중성자에서 양성자로의 변환과 똑같이 빈번히 일어난다(중성자의 방사능 붕괴는 15분이나 걸리기 때문에 여기에서 무시될 수 있다. 우리는 지금 수백 분의 1초라는 짧은 시간 척도를 쓰고 있다). 이렇게 평형은 양성자와 중성자가 첫 번째 화면에서는 같은 수로 존재할 것을 요구한다. 이 핵입자들은 아직도 핵으로 묶여있지 않다. 하나의 전형적인 핵을 쪼개버리는 데 필요한 에너지는 핵입자당 단지 600만 내지 800만 전자볼트이며, 이것은 온도 $10^{11}$K에서 특징적인 열에너지보다 더 작다. 그러니 복잡한 핵들은 그들이 생성되는 만큼 빨리 파괴되어 버린다.

아주 초기에 우주가 얼마나 컸느냐는 것은 당연한 질문이다. 유감스럽게도 우리는 이것을 알지 못하며, 이 질문이 도대체 어떤 의미를 갖는지도 확실히 모른다. 2장에서 암시했듯이 우주는 현재 무한할 수 있고, 이 경우 우주는 첫 번째 화면의 시기에도 무한했으며, 앞으로도 항상 무한할 것이다. 반면에 우주가 현재 유한한 둘레를 가지고 있을 가능성도 있으며, 때때로 이 둘레가 약 1,250억 광년으로 추산되고 있다(여기서 둘레란 우리가 일직선으로 여행하면 우리가 출발했던 곳으로 되돌아 오기까지 여행해야할 거리를 말한다. 이 추산은 우주의 밀도가 '임곗값'의 약 2배가 된다는 전제 아래 현재의 허블 상수의 값에 기초를 두고 있다). 우주의 온도가 그의 크기에 반비례해서 떨어지기 때문에 첫 번째 화면의 시기에 우주의 둘레는 현재보다, 당시의 온도($10^{11}$K)의 현재 온도(3K)에 대한 비만큼 더 작았다. 이렇게 보면 첫 번째 화면의 우주 둘레는 약 4광년이라는 결론이 나온다. 처음 몇 분 동안 우주 진화의 세부 사항을 이해하는 데, 우주의 둘레가 무한했는가, 혹은 단 몇 광년에 불과했는가는 무관한 이야기다.

　두 번째 화면. 우주의 온도는 300억 K이다. 첫 번째 화면 이후 0.11초가 경과했다. 질적으로는 아무것도 변한 것이 없다.―우주의 내용물은 여전히 전자, 양전자, 뉴트리노, 반뉴트리노 및 광자가 지배적이며, 이들은 모두 열평형에 있고, 온도는 이들의 문턱온도보다 훨씬 높다. 따라서 에너지 밀도는 온도의 4승에 비례해서 떨어져 보통 물의 정지 질량에 포함된 에너지 밀도의 약 3,000만 배가 되었다. 팽창 속도는 온도의 제곱에 비례해서 떨어졌음으로 우주의 특성 팽창 시간은 이제 약 0.2초로 길어졌다. 소수의 핵입자들은 여전히 핵으로 묶여지지 않았으나 온도가 떨어짐에 따라 보다 무거운 중성자가 더 가벼운 양성자로 변환되는 것이 이의 역변환보다 더 쉽게 일어나게 되었다. 따라서 핵입자의 구성비도 변해서 중성자 38%, 양성자 62%로 되었다.

　세 번째 화면. 우주의 온도는 100억 켈빈($10^{10}$K)이다. 첫 번째 화면 이후 1.09초가 경과했다. 이 무렵에는 밀도와 온도의 감소가 뉴트리노와 반뉴트리노의 평균 자유 시간을 많이 증가시켰기 때문에 이들은 자유 입자처럼 행동하고 있으며, 이미 전자, 양전자, 또는 광자들과 열평형에 있지도 않다. 이제부터 뉴트리노와 반뉴트리노는 그들의 에너지가 계속해서 우주 중력장 원천의 일부를 제공하는 것밖에는 우리 이야기에서 아무런 적극적 역할도 하지 않을 것이다. 뉴트리노가 열평형을 벗어날 때 많은 변화가 일어나지도 않는다. 이러한 '탈락(decoupling)' 이전에는 전형적인 뉴트리노 파장이 온도에 반비례했다. 그리고 온도는 우주의 크기에 반비례해서 떨어지고 있었기 때문에 뉴트리노의 파장은 우주의 크기에 정비례해서 증가하고 있었다. 이 탈락 후 뉴트리노는 자유로이 퍼져나갈 것이다. 그렇지만 일반적인 적색편이는 여전히 뉴트리노의 파장을 우주의 크기에 정비례 하도록 늘여 당길 것이 다. 그런데 이것은 뉴트리노 탈락의 정확한 순간을 결정하는 일 이 대단히 중요한 것이 아님을 보여준다. 그런대로 괜찮다. 왜냐하면 이 순간을 결정하는 일은 아직도 완전히 해명되지 않은 뉴트리노 상호작용 이론의 세부 사항에 좌우되기 때문이다.

전체 에너지 밀도는 지난 화면에서보다 온도들의 비의 4승만큼 더 작아졌다. 따라서 이제 물 밀도의 380,000배 되는 질량 밀도와 등가이다. 이에 대응하여 우주의 팽창에 대한 특성 시간은 약 2초로 증가했다. 온도는 이제 전자와 양전자 문턱온도의 두 배밖에 되지 않는다. 그러니 이들은 복사로부터 재생성되기보다 더 빨리 소멸되기 시작하고 있다.

중성자와 양성자들이 상당한 시간동안 원자핵으로 묶여 있기에는 아직도 너무 뜨겁다. 온도의 강하는 이제 양성자-중성자의 구성비를 중성자 24%, 양성자 76%에 이르게 했다.

네 번째 화면. 우주의 온도는 이제 30억 켈빈($3 \times 10^9 K$)이다. 첫 번째 화면 이후 13.82초가 경과했다. 우주의 온도가 전자와 양전자에 대한 문턱온도를 내려섰기 때문에 이들이 지금까지는 우주의 중요한 구성 요소였지만 이제는 급속히 소멸되기 시작하고 있다. 이들의 소멸에서 풀려나온 에너지는 우주의 냉각 속도를 늦추어, 그 결과 이 여분의 열을 조금도 얻지 못한 뉴트리노는 전자, 양전자, 그리고 광자들보다 이제 8% 더 차다. 이제부터는 우리가 우주의 온도를 말할 때, 그것은 광자들의 온도를 뜻한다. 전자와 양전자가 신속히 사라져감에 따라 온도의 4승으로 떨어지던 우주의 에너지 밀도는 이제 약간 더 빨리 감소해 가고 있다.

이제는 헬륨($He^4$)같은 여러 가지 안정한 핵들이 생성될 만큼 식었다. 그렇지만 이 현상이 금방 일어나지는 않는다. 그 이유는 우주가 아직도 빠르게 팽창하고 있어서 핵들은 일련의 빠른 이립자 반응(二粒子反應)으로만 생성될 수 있기 때문이다. 예를 들어 하나의 양성자와 하나의 중성자는 하나의 중수소 혹은 듀테륨(deuterium)을 형성할 수 있고, 이때 여분의 에너지와 운동량은 광자에 의해 실려 나간다. 그러면 중수소핵은 양성자 또는 중성자와 충돌해서 두 개의 양성자와 하나의 중성자로 된 가벼운 동위원소 헬륨3($He^3$)이나, 양성자 하나와 두 개의 중성자로 된 수소의 가장 무거운 동위원소 트리튬($H^3$)을 만든다. 마지막으로 헬륨 3은 한 중성자와 충돌할 수 있고, 트리튬은 하나의 양성자와 충돌할 수 있는데, 이 두 경우에 두 개의 중성자와 두 개의 양성자로 구성된 보통 헬륨($He^4$)의 핵이 형성된다. 그러나 이 연쇄적 반응이 일어나기 위해서는 첫 단계가 되는 중수소의 생산부터 시작되어야 한다.

보통 헬륨은 단단하게 구속된 핵이다. 그래서 이미 언급했듯이, 세 번째 화면의 온도에서도 헬륨은 뭉쳐있을 수 있다. 그러나 트리튬과 헬륨 3은 훨씬 덜 단단히 구속된 핵들이고, 중수소는 특히 느슨하게 구속되어 있다(하나의 중수소핵을 깨는 데 드는 에너지는 헬륨의 핵으로부터 단 한 개의 핵입자를 깨내는 데 드는 에너지의 9분의 1밖에 되지 않는다). $3 \times 10^9 K$이나 되는 네 번째 화면의 온도에서는 중수소핵들이 생성되자마자 분쇄되어 더 무거운 핵들이 생산될 여지가 없다. 중성자는 아직도 전보다 훨씬 느리기는 하지만 양성자로 변환되고 있다. 핵입자의 구성비는 이제 중성자 17%, 양성자 83%이다.

다섯 번째 화면. 우주의 온도는 이제 10억 켈빈($10^9 K$)으로서 태양 중심에서보다 단지 약 70배 더 뜨거울 뿐이다. 첫 번째 화면 이후 3분 2초가 경과했다. 전자와 양전자는 대부분 사라졌으며, 우주의 주성분은 이제 광자, 뉴트리노 그리고 반뉴트리노이다. 전자-양전자의 소멸에서 나온 에너지는 광자들에게 뉴트리노의 온도보다 35% 더 높은 온도를 주었다.

우주는 이제 보통 헬륨은 물론 트리튬과 헬륨3도 뭉쳐 있을 수 있을 만큼 식었다. 그러나 '중수소 생산애로(deuterium-bottleneck)는 여전히 남아 있다.—중수소핵은 충분히 오래 뭉쳐있지 못해 상당한 수의 더 무거운 핵들이 형성될 수 없다. 양성자와 중성자가 전자, 뉴트리노, 그리고 이들의 반입자들과 충돌하는 것은 이제 많이 그쳤다. 그러나 자유 중성자의 붕괴가 중요성을 띄기 시작한다. 100초마다 남아있는 중성자의 10%는 양성자로 붕괴할 것이다. 중성자-양성자의 구성비는 이제 중성자 14%,

제5장 처음 3분간 | 149

양성자 86%이다.

좀 더 후. 다섯 번째 화면이 지나고 잠시 후에 극적인 사태가 일어난다. 온도는 중수소핵들이 뭉칠 수 있는 점까지 떨어진다. 중수소 생산애로가 지나고 나면 더 무거운 핵들은 네 번째 화면에서 기술된 이립자 반응의 연쇄로 아주 빨리 형성될 수 있다. 그렇지만 헬륨보다 무거운 핵들은 다른 애로들 때문에 괄목할 만한 수로 형성되지 않는다. 다섯 개 또는 여덟 개의 핵입자를 가진 안정한 핵은 없다. 따라서 중수소가 형성될 수 있는 온도에 이르자마자 남아있는 중성자들은 거의 모두 금방 헬륨핵들로 요리되어 버린다. 이것이 일어나는 정확한 온도는 광자당 핵입자의 수에 약간 의존하는데, 높은 입자 밀도가 핵이 형성되는 것을 좀 더 쉽게 만들기 때문이다(이것이 내가 이 순간을 정확하지 못하게 다섯 번째 화면부터 '좀 더 후'라고 불러야 했던 이유이다). 핵입자당 10억 개의 광자가 있다면 핵합성(核合成, nucleosynthesis)은 9억 켈빈($0.9 \times 10^9 K$)의 온도에서 시작될 것이다. 이때는 첫 번째 화면으로부터 3분 46초가 지난 뒤이다(독자는 내가 이 책을 처음 3분간으로 이름붙인 부정확성을 용서하기 바란다. 하지만 처음 3분 45초보다는 듣기에 좋을 것이다). 중성자 붕괴는 핵합성이 시작되기 바로 전에 중성자-양성자의 구성비를 중성자 13%, 양성자 87%로 이동시켰을 것이다. 핵합성 후에 헬륨의 무게 비율은 헬륨으로 구속된 모든 핵입자들의 무게 비율과 같다. 이들의 반은 중성자이고 실질적으로 모든 중성자들이 헬륨으로 구속되어 있다. 그러니 헬륨의 무게 비율은 핵입자 중에 중성자 비율의 두 배인 약 26%가 된다. 핵입자의 밀도가 약간 더 높으면 핵합성은 좀 더 일찍, 그렇게 많은 중성자들이 붕괴하지 않았을 때 시작될 것이니 약간 더 많은 헬륨이 생산된다. 그렇지만 무게로 아마 28% 이상은 되지 않을 것이다(그림 9 참조).

이제 우리는 예정한 상영 마감 시간에 도달했고 또 초과했으나, 지금까지 이루어진 것을 더 잘 알아보기 위해 마지막으로 온도가 또 한 번 3분의 1로 더 떨어진 후의 우주를 살펴보자.

여섯 번째 화면. 우주의 온도는 이제 3억 켈빈($3 \times 10^8$K)이다. 첫 번째 화면 이후 34분 40초가 경과했다. 전자들과 양전자들은 양성자의 전하를 상쇄하는 데 필요한 약간의 과잉 전자들(10억에 대해 하나 꼴)을 제외하고는 이제 완전히 소멸되었다. 이 소멸 과정에서 풀려나온 에너지는 광자에게 뉴트리노보다 40.1%가 더 높은 온도를 주었다(238페이지 수학적 주석 6 참조). 우주의 에너지 밀도는 이제 물 밀도의 9.9%가 되는 질량 밀도와 등가인데, 이 중 31%는 뉴트리노와 반뉴트리노의 형태로, 그리고 69%는 광자의 형태로 존재한다. 이 에너지 밀도로 말미암아 우주는 약 1시간 15분의 특성 팽창 시간을 갖는다. 핵과정(nuclear processes)은 정지되었다. 핵입자들은 이제 대부분 헬륨핵으로 구속되었거나 자유 양성자(수소핵)이고 헬륨의 무게 비율은 22% 내지 28%이다. 각각 자유로운 또는 구속된 양성자에 대해 하나의 전자가 있으나, 우주는 안정한 원자들이 뭉쳐있기에는 여전히 너무 뜨겁다.

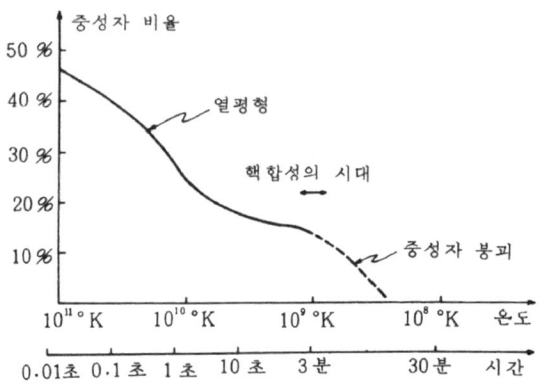

**그림 9. 이동하는 중성자-양성자 균형**
중성자의 총 핵입자에 대한 비율이 온도와 시간의 함수로 주어졌다. '열평형'이라 표시된 커브의 부분은 밀도와 온도가 대단히 높아 모든 입자들 사이에 열평형이 유지되는 기간을 나타낸다. 여기서 중성자 비율은 통계역학의 법칙을 사용해서 중성자-양성자의 질량차로부터 계산될 수 있다.
'중성자 붕괴'라 표시된 커브의 부분은 자유 중성자의 방사능 붕괴를 제외하고는 모든 중성자-양성자의 변환 과정이 그친 기간을 나타낸다. 커브의 중간 부분은 약한 상호작용 전이율의 상세한 계산에 근거를 두고 있다. 커브의 점선 부분은 핵들의 생성이 방지된다면 무엇이 일어날 것인가를 보여준다. 실제로는 핵합성의 시대라 표시한 화살표를 친 기간 안의 어느 때에 중성자들은 급속히 헬륨핵으로 결합되고 중성자-양성자 비는 이 시점에서의 값에서 동결된다. 이 커브는 또한 우주론적으로 생산된 헬륨 비율(무게로)을 추정하는 데도 사용된다. 곧 핵합성의 온도와 시기의 어떤 주어진 값들에 대해서 헬륨 비율은 당시 중성자 비율의 두 배이다.

  우주는 계속해서 팽창하고 냉각할 것이다. 그러나 다음 70만 년 동안에 아주 흥미로운 일은 일어나지 않는다. 그때에는 온도가 더 떨어져 전자들과 핵이 안정한 원자를 형성할 수 있는데, 자유 전자의 결핍은 우주의 내용물로 하여금 복사에 투명하도록 만들 것이다. 그래서 물질과 복사 간의 탈락 때문에 물질은 은하와 별들을 형성하기 시작할 것이다. 또 한 번 100억 년쯤 지난 뒤, 생물체들이 이 과정을 재구성하기 시작할 것이다.
  이러한 초기우주의 설명은 관측으로 금방 시험될 수 있는 하나의 귀결을 낳는다. 곧 처음 3분간에서 남은, 그로부터 원래 별이 만들어졌을 재료는 22~28% 헬륨으로 구성되어 있었고 그 밖에는 거의 전부가 수소였다. 우리가 이미 보았듯이 이 결과는 크나큰 광자 대 핵입자의 비가 있다는 가정에 의존하며, 이 가정은 다시 현재의 우주 초단파 배경복사에서 측정된 온도 3K에 기초를 두고 있다. 펜지어스와 윌슨에 의해 배경복사가 발견된 직후 1965년에 프린스턴의 피블스는 측정된 복사온도를 사용해서 우주의 헬륨생산을 처음으로 계산했다. 거의 동시에 비슷한 결과가 독립적으로 로버트 웨거너(Robert Wagoner), 윌리엄 파울러(William Fowler) 그리고 프레드 호일의 더 정교한 계산에서도 얻어졌다. 이 결과는 표준 모델을 위한 아주 멋있는 성공이었는데, 이미 이 무렵에는 태양과 또 다른 별들이 약 20~30%의 헬륨과 거의 대부분 수소로써 그들의 삶을 시작했다는 별도의 추산이 있었기 때문이다!

물론 지상에는 극히 적은 헬륨밖에 없다. 그러나 그것은 바로 헬륨 원자들이 아주 가볍고 불활성(不活性)이어서, 이들의 대부분이 오래 전에 지구를 이탈했기 때문이다. 우주의 원시 헬륨 존재비 추정은 별의 진화에 관한 상세한 계산과 관측된 별의 성질들의 통계적 분석을 비교하는 것에, 그리고 또 뜨거운 별들과 성간 물질의 스펙트럼에 있는 헬륨선들의 직접적 관측에 근거를 두고 있다. 실제로 그 이름이 암시하듯이 헬륨은 태양 대기의 스펙트럼 연구에서 처음으로 한 원소로서 확인되었는데, 1868년에 노먼 로키어(Norman Lockyer)가 이것을 발견했다.

1960년대 초기 동안 몇의 천문학자들은 우리 은하 안에 헬륨의 존재비가 클 뿐 아니라, 공간적 분포에 있어 더 무거운 원소들의 존재비와 거의 근사하게 변동하지도 않는다는 사실에 주목했다. 무거운 원소들은 별에서 생산되었지만 헬륨은 이 별들 중 어느 것도 미처 요리를 시작하기 전에 초기우주에서 생산되었음을 상정한다면, 이것은 바로 기대될 수 있는 일이다. 핵의 존재비 추정에는 아직도 많은 불확실성과 변동이 있지만 원시 헬륨 존재비가 20~30%라는 증거는 충분히 강력해서 표준 모델 지지자들을 크게 격려하고 있다.

처음 3분간의 마지막에 생산된 다량의 헬륨 외에도 더 가벼운 핵들의 흔적이 있었는데, 이들은 주로 중수소(한 개 여분의 중성자를 가진 수소)와 보통 헬륨핵으로 통합되지 않은 헬륨의 가벼운 동위원소 $He^3$였다(이들의 존재비는 처음으로 1967년에 웨거너, 파울러 및 호일의 논문에서 계산되었다). 헬륨 존재비와는 달리 중수소의 존재비는 핵합성 시기의 핵입자 밀도에 아주 민감하게 의존한다. 곧 보다 높은 밀도에서는 핵반응이 더 빠르게 진행되어, 그 결과 거의 모든 중수소가 헬륨으로 요리되어 버렸을 것이다. 여기에 초기우주에서 생산된 중수소 존재비의 값(무게로)을 광자 대 핵입자 비의 세 가지 가능한 값에 대해 실었다. 이것은 웨거너가 준 것이다.

별의 요리(원소 합성)가 시작되기 전에 존재했던 원시 중수소의 존재비를 결정할 수 있다면 물론 우리는 광자 대 핵입자의 비를 정확히 결정할 수 있을 것이다. 현재의 복사온도가 3K임을 아니까 우주의 핵질량 밀도 (nuclear mass density)의 정확한 값을 결정할 수 있으며, 우주가 열렸는지 닫혔는지도 판단할 수 있다.

| 광자/핵입자 | 중수소 존재비(100만당) |
| --- | --- |
| 1억 | 0.00008 |
| 10억 | 16 |
| 100억 | 600 |

유감스럽게도 실제로 원시 중수소의 존재비를 결정하기는 아주 어려웠다. 지상에서 물속에 있는 중수소 존재비의 고전적인 값은 무게로 100만당 150이다(핵융합 반응이 언제 적절하게 제어된다면 이것이 핵융합로의 연료로 사용될 중수소이다). 그러나 이것은 엇갈린 수치다. 중수소 원자가 수소 원자보다 두 배나 무겁다는 사실로 보아 중수소가 중수(HDO) 분자들로 구속될 가능성이 더 크기 때문에 수소보다 작은 비율의 중수소가 지구의 중력장을 이탈했을 것이다. 반면에 분광학은 태양 표면에 아주 작은 중수소 존재비를 암시한다.―100만당 4보다 더 작다. 이것 역시 엇갈린 수치다.― 태양의 외부 영역에서 중수소는 수소와 융합해서 헬륨의 가벼운 동위원소 $He^3$가 됨으로써 대부분 파괴되어 버렸을 것이다.

우주의 중수소 존재비에 관한 우리의 지식은 1973년에 지구 인공위성 코페르니쿠스(Copernicus)의 자외선 관측에 의해 훨씬 더 공고한 기반 위에 서게 되었다. 중수소 원자는 수소 원자처럼 원자가 낮은 에너지 상태에서 더 높은 한 에너지 상태들로 전이할 때 이에 대응한 어떤 특정한 파장에서 자외선을 흡수할 수 있다. 이 파장들은 약간 원자핵의 질량에 의존한다. 그래서 성간의 수소와 중수소 혼합물을 통과해서 우리에게 이르는 별빛의 자외선 스펙트럼은 검은 흡수선들로 수많이 줄쳐있는데, 이들 흡수선 각각은 수소로부터 하나 중수소로부터 하나씩의 두 성분으로 나누어질 것이다. 그러면 이들 흡수선 중 어떤 쌍의 상대적 암도(暗度)로부터 성간 구름에 있는 수소와 중수소의 상대적 존재비를 안다. 유감스럽게도 지구의 대기 때문에 지상에서 어떤 자외선 천문학을 하기는 대단히 어렵다.

인공위성 코페르니쿠스는 자외선 분광기를 싣고 있었는데, 이것이 뜨거운 별 $\beta$켄타우루스의 스펙트럼에 있는 흡수선을 연구하는 데 사용되었다. 이 흡수선들의 상대 강도(相對強度)로부터 발견된 사실은, 우리와 $\beta$켄타우루스 사이의 성간 매질이 약 100만 분의 20(무게 비율로)의 중수소를 포함하고 있다는 것이다. 최근에 다른 뜨거운 별들의 스펙트럼에 있는 자외선 흡수선들의 관측에서도 비슷한 결과가 나왔다.

만약에 이 100만당 20의 중수소가 실제로 초기우주에서 창조되었다면 핵입자당 약 11억 개의 광자가(위의 표를 참조할 것) 있었어야 한다(그리고 지금도 있어야 한다). 현재 3K의 우주 복사온도에서는 리터당 55만 광자가 있다. 따라서 지금은 100만 리터당 약 500개의 핵입자가 있어야 한다. 이 값은 닫힌 우주에 대한 최소 밀도보다 상당히 작은데, 닫힌 우주에 대해서는 최소 밀도가 100만 리터당 약 3,000개의 핵입자라는 것을 우리는 2장에서 보았다. 그렇다면 이로부터 우리는 우주가 열려있다고 결론할 수 있을 것이다. 다시 말해서 은하들은 이탈 속도 이상으로 움직이고 있으며 우주는 영원히 팽창할 것이다. 만약 중수소를 파괴하는 경향이 있는 별들에서(태양처럼) 약간의 성간 매질이 생산되었다면, 우주적으로 생산된 중수소의 존재비는 코페르니쿠스 위성에 의해 발견된 100만당 20보다 더 컸어야 하고, 따라서 핵입자의 밀도는 100만 리터당 500 입자보다 더 작아야 하는데, 이것은 우리가 열린, 그리고 영원히 팽창하는 우주 안에 살고 있다는 결론을 굳혀 준다.

내 개인적으로는 이러한 줄거리의 논의가 다소 신빙성이 없다고 생각한다는 것을 이야기해야 하겠다. 중수소는 헬륨과 같지 않다.—비록 중수소의 존재비가 비교적 조밀하게 닫힌 우주에 대해 기대되기보다 더 높아 보이기는 하지만 중수소는 절대적으로 보아 의연히 극히 희귀하다. 우리는 이만큼 많은 중수소가 '최근의' 천체물리학적 현상—초신성(super-novas), 우주선, 그리고 아마 준성적(準星的) 물체들(quasi-stellar objects)—에서 생산되었다고 상상할 수도 있다. 그러나 헬륨에 대한 경우에는 그렇지 않다. 20~30%의 헬륨 존재비는 막대한 복사량의 방출이 따르지 않고는 최근에 창조되었을 수가 없는데, 이러한 복사를 우리는 관측하지 못했다. 인공위성 코페르니쿠스에 의해 발견된 100만당 20의 중수소는, 수긍할 수 없을 만치 다량의 다른 희귀한 경(輕) 원소들 리튬, 베릴륨, 및 붕소의 생산이 따르지 않고는 종래의 어떠한 천체물리학적 기구(機構)에 의해서도 생산될 수 없었다고 주장된다. 그렇지만 나는 아직 아무도 생각지 못한 어떤 비우주론적 기구에 의해서 이러한 중수소의 흔적이 생산되지 않았다고 확신하기 어렵다.

우리 주위에 존재하는데도 아직 관측이 불가능한 초기우주의 다른 또 하나의 잔재가 있다. 세 번째 화면에서 우리는 우주의 온도가 약 100억 K

이하로 떨어진 이후 뉴트리노가 자유 입자처럼 행동하는 것을 보았다. 이 시기동안 뉴트리노의 파장은 단순히 우주의 크기에 비례해서 팽창했다. 따라서 뉴트리노의 수와 에너지 분포는 열평형에 나타난 그대로지만 온도만은 우주의 크기에 반비례해서 떨어졌다. 바로 이와 비슷한 일이 이 시기 동안에 광자에게도 일어났다. 광자는 뉴트리노보다 훨씬 더 오래 열평형을 유지했지만, 현재의 뉴트리노 온도는 현재의 광자 온도와 대충 같아야 한다. 그러므로 우주에 있는 핵입자에 대해 10억 개 정도의 뉴트리노와 반뉴트리노가 있을 것이다.

    이에 관해서는 상당히 더 정확히 말할 수 있다. 우주가 뉴트리노에 대해 투명해지기 시작한 잠시 후에 전자와 양전자는 소멸하기 시작하면서 뉴트리노가 아니라 광자를 데웠다. 그 결과 현재의 뉴트리노 온도는 현재의 광자 온도보다 약간 더 낮아야 한다. 뉴트리노의 온도가 광자 온도보다 4/11의 3승근의 인수만큼, 혹은 71.38%만큼 더 작다는 것이 쉽게 계산된다. 그러면 뉴트리노와 반뉴트리노의 우주 에너지에 대한 기여는 광자의 기여의 45.42%가 된다(238페이지 수학적 주석 6 참조). 비록 뚜렷이 이야기하지는 않았지만 내가 위에서 우주의 팽창을 이야기할 때마다 이 여분의 뉴트리노 에너지 밀도를 고려하고 있었다.

    초기우주에 관한 표준 모델의 가능한 가장 극적인 확인은 이 뉴트리노 배경의 검증이 줄 것이다. 우리는 뉴트리노 온도에 관한 확고한 예측을 할 수 있다. 곧 이 온도는 광자 온도의 71.38% 혹은 약 2K이다. 뉴트리노수와 에너지 밀도에 관해서는 단 한 가지 심각한 이론적 불확실성은 우리가 가정해 오고 있는 것처럼 렙톤수 밀도가 작은가 하는 의문이다(렙톤수는 뉴트리노수와 다른 렙톤수 빼기 반뉴트리노수와 다른 반렙톤수임을 상기할 것). 가령 렙톤수 밀도가 바리온수 밀도처럼 작다면 뉴트리노와 반뉴트리노의 수는 10억에 하나까지는 서로 같아야 한다. 반면에 렙톤수 밀도가 광자수 밀도와 비교될 정도이면 '축퇴(縮退, degeneracy)'가 있게 될 것이며, 괄목할 만한 뉴트리노(혹은 반뉴트리노) 과잉과 반뉴트리노(혹은 뉴트리노) 결손이 있을 것이다. 이러한 축퇴는 처음 3분간에 변동하는 중성자-양성자의 균형에 영향을 미칠 것이고, 따라서 우주론적으로 생산된 헬륨과 중수소량을 변화시킬 것이다. 2K의 우주의 뉴트리노 및 반뉴트리노 배경의 관측은 우주가 큰 렙톤수를 갖고 있는지의 여부를 금방 해결해 줄 것이다. 그러나 훨씬 더 중요한 것은, 이것이 초기우주에 관한 표준 모델의 진실성 여부를 증명한다는 점이다.

　유감천만으로 뉴트리노와 보통 물질의 상호작용이 대단히 약하기 때문에 아무도 지금까지 2K의 우주 뉴트리노 배경을 관측할 어떤 방법을 짜낼 수가 없었다. 이것은 정말 애타는 문제다. 핵입자마다 약 10억 개의 뉴트리노와 반뉴트리노가 있는데도 아직 이들을 검출할 방법을 아무도 모른다니! 아마 언젠가는 누가 이 일을 해낼 것이다.

　처음 3분간에 관한 이 이야기를 추적해 오면서 독자는 과학의 지나친 자신감을 눈치챌 수 있다고 느낄지 모른다. 그 생각이 옳을 수도 있다. 그렇지만 나는 과학의 발달이 완전히 개방적인 생각을 갖는 것으로 항상 잘 진전된다고는 생각하지 않는다. 때때로 우리는 의심을 접어두고 우리를 어디로 끌고 가든 간에 가정의 귀결을 쫓아야 할 필요가 있다. 즉, 이론적 편견에서 해방되는 것보다 이론적으로 바른 편견을 갖는 일이 중요하다는 이야기다. 그리고 어떤 이론적 편견의 옳고 그름은 그것의 결과에 의해서 판단될 것이다. 초기우주의 모델은 얼마간 성공을 거두었고, 미래의 실험 계획에 대한 일관된 이론적 골격을 제공한다. 이것은 표준 모델이 진실이라는 의미가 아니고, 표준 모델이 신중하게 다루어질 가치가 있음을 뜻한다.

그럼에도 불구하고 표준 모델 위에 검은 구름처럼 덮여있는 한 커다란 불확실성이 있다. 이 장에서 기술된 모든 계산을 밑받침하는 것은 우주 원리이며 이것은 우주가 균일하고 등방적이라는 가정이다(37페이지 참조, '균일하다'는 것은 우주의 일반적 팽창에 실려 다니는 어떠한 관측자에게도, 그가 어디에 위치하고 있든 간에 우주가 똑같아 보인다는 뜻이다. '등방적'이란 우주가 이러한 관측자에게 모든 방향으로 똑같아 보인다는 뜻이다). 직접적 관측으로부터 우리는 우주의 초단파 배경복사가 우리 주위로 고도의 등방성을 보이는 것을 알고, 이것으로부터 복사가 약 3,000K의 온도에서 물질과의 평형 상태를 벗어난 이래, 우주는 고도로 등방적이고 균일하다고 추론한다. 그렇지만 우주 원리가 보다 더 이른 시기에도 유효했다는 증거는 없다.

우주가 초기에는 비균일했고 비등방적이었으나, 그 후 팽창하는 우주의 부분들이 서로 미치는 마찰력으로 인해 매끄러워졌을 가능성도 있다. 이러한 '믹스마스터(mixmaster)' 모델은 특히 메릴랜드대학의 찰스 미스너(Charles Misner)에 의해서 제창되어 왔다. 또 마찰로 인한 우주의 균일화와 등방화에 의해 생성된 열이 10억 대 1이라는 엄청난 광자 대 핵입자 비율의 원인이 될 가능성도 있다. 그러나 내가 아는 한, 우주가 왜 어떤 특정한 초기의 비균일 또는 비등방도를 가져야 하는가에 대해서는 아무도 대답할 수 없고, 아무도 우주가 매끄러워지는 과정에서 생산된 열을 계산할 방법을 모른다.

나의 견해로는, 이러한 불확실성에 대한 적합한 반응은 표준 모델을 내동댕이치기보다는(어떤 우주론자들은 그렇게 하고 싶겠지만) 이 모델을 아주 신중하게 취급해서 그 귀결을 철저히 색출해 내는 것이라야 한다. 이 귀결이 관측과 모순을 보이는 것을 찾을 수 있는 희망이 있더라도. 커다란 초기의 비등방성과 비균일성이 이 장에서 한 이야기에 많은 영향을 끼치는지 분명치 않다. 우주가 처음 수 초 동안에 매끄러워졌을 수도 있다. 이 경우 우주론적 헬륨 및 중수소의 생산은 우주 원리가 항상 유효한 것처럼 여기고 계산될 수 있다. 비록 우주의 비등방성과 비균일성이 헬륨 합성의 시대를 넘어서 지속되었다고 하더라도, 균등하게 팽창하는 덩어리 안에서 헬륨과 중수소의 생산은 단지 그 덩어리 내부의 팽창 속도에만 의존할 것이니, 표준 모델에서 계산된 생산과 많이 다르지 않을 수도 있다. 또 핵합성의 시기까지 쭉 되돌아 볼 때 우리가 볼 수 있는 전 우주는, 더 큰 비균일적·비등방적 우주인의 한 균일하고 등방적인 덩어리에 불과할는지도 모른다.

우주 원리를 둘러싼 불확실성은 우리가 우주의 바로 시초를 되돌아보거나 우주의 종말을 내다볼 때 정말로 중요한 의미를 갖게 된다. 나는 마지막 두 장의 대부분에서도 계속해서 이 원리에 의지할 것이다. 그러나 항상 감안해야 할 것은, 우리의 단순한 우주모델들은 단지 우주의 작은 한 부분 그리고 우주 역사의 제한된 편모만을 기술하는지도 모른다는 사실이다.

제6장

# 역사적 전환

이제 잠시 동안 초기우주의 역사를 떠나 지난 30년 동안의 우주론 연구의 역사를 다루기로 하자. 특히 여기서는 내가 수수께끼 같기도 하고 재미있다고도 여기는 역사적인 문제를 다루려고 한다. 1965년에 있었던 우주 초단파 배경복사의 검출은 20세기의 가장 중요한 발견 중 하나였다. 왜 이것이 우연히 발견되어야 했던가? 또는 달리 말해서 왜 1965년 훨씬 이전에는 이 복사에 대한 체계적 연구가 없었던가?

우리가 지난 장에서 보아온 것처럼 배경복사 온도의 현재 측정값과 우주의 질량 밀도를 가지고 우리는 경원소(輕元素)들의 우주적 존재비를 예언할 수 있는데, 이것은 관측과 잘 일치하는 듯하다. 1965년 훨씬 이전에도 이 계산을 거꾸로 해서 우주의 배경복사를 예언하고 그것의 탐색을 착수하는 일이 가능할 수도 있었다. 약 20~30%의 헬륨과 70~80%의 수소로 관측된 현재의 우주적 존재비로부터 핵입자들 중 중성자의 비율이 10~15%로 떨어졌을 시기에 핵합성이 시작되었어야 한다는 추리가 가능했을 것이다(무게로 따진 현재의 헬륨 존재비는 핵합성 시기에 중성자 비율의 꼭 두 배라는 것을 상기하라). 이 중성자 비율의 값은 우주의 온도가 약 10억 켈빈(K)이었을 때 도달되었다. 이 순간에 핵합성이 시작되었다는 조건 아래서 우리는 K의 온도에서 핵입자들의 밀도를 대략 추산할 수 있으며, 이 온도에서 광자의 밀도는 알려진 흑체복사의 성질로부터 계산될 수 있다. 따라서 이 시기의 광자와 핵입자수의 비도 알 수 있다. 그런데 이 비는 변치 않으므로 현재도 역시 잘 알 수 있다. 이렇게 현재 핵입자 밀도의 관측으로부터 우리는 현재의 광자 밀도를 예언할 수 있고, 현재 약 1K에서 10K 범위의 온도를 갖는 우주배경복사의 존재를 추측할 수 있다. 과학의 역사가 우주의 역사처럼 그렇게 간단하고 직선적이라면, 1940년대나 1950년대에 벌써 누군가가 이러한 테두리의 예언을 했을 것이고, 이 예언이 전파천문학자들로 하여금 배경복사를 탐색하도록 부추겼을 것이다. 그러나 일이 꼭 그렇게 진행되지는 않았다.

사실 1948년에 이러한 테두리의 예언이 있었다. 그러나 그 예언이 당시나 그 후에 복사를 탐색하는 데에 이르도록 하지는 못했다. 1940년대 말엽에 가모브와 그의 동료 앨퍼, 허먼은 '대폭발(big bang)' 우주론을 탐구하고 있었다. 그들은 우주가 순수한 중성자들로서 출발했고, 중성자들은 하나의 중성자가 자발적으로 하나의 양성자, 하나의 전자, 그리고 하나의 반뉴트리노로 되는 잘 알려진 방사능 붕괴 과정을 통해서 양성자들로 변환되었다고 가정했다. 우주가 팽창해 어느 시기에 이르러서는 충분히 냉각되어 연속적인 중성자 포획(neutron capture)으로 중성자와 양성자로부터 무거운 원소들이 되었다는 것이다. 현재 관측된 경원소들의 존재비를 설명하기 위해 앨퍼와 허먼은 10억 자릿수를 가진 광자 대 핵입자의 비를 가정해야 할 필요가 있었다. 그래서 그들은 현재 우주의 핵입자 밀도의 추산을 사용해서 초기우주로부터 남은 배경복사의 존재를 예언할 수 있었는데, 이 복사는 현재 온도 5K를 가져야 한다는 것이었다!

원래 앨퍼, 허먼, 가모브의 계산이 모든 세부 사항에 이르기까지 정확한 것은 아니었다. 우리가 앞 장에서 본 것처럼 우주가 아마 같은 수의 중성자와 양성자로 출발했을 수 있지만 순수한 중성자들만으로 출발하지는 않았다. 또 중성자에서 양성자로의 변환(그리고 그의 역변환)은 주로 전자, 양전자, 뉴트리노, 반뉴트리노와의 충돌을 통해서 일어난 것이지 중성자의 방사능 붕괴를 통해서가 아니었다. 이런 점들은 1950년에 하야시(Hayashi)에 의해 주목되었고, 1953년에 이르러서는 앨퍼와 허먼, 그리고 제임스 폴린 주니어(James W. Follin Jr.)와 함께 그들의 모델을 수정해서 이동하는 중성자-양성자 균형에 관해 근본적으로 정확한 계산을 했다. 사실 이것이 우주 초기 역사에 관한 완전한 현대적 해석이었다.

    그럼에도 불구하고 1948년이나 1953년에는 예언된 초단파 복사를 찾는 일에 누구도 착수하지 않았다. 사실 1965년 이전의 수년 동안 '대폭발' 모델들에서는 수소와 헬륨의 존재비가 현재의 우주에 우주배경복사의 존재를 요구하며, 이 배경복사가 경우에 따라서는 실제로 관측될 수도 있다는 사실이 천체물리학자들에게 일반적으로 알려져 있지도 않았다. 여기서 놀라운 일은 천체물리학자들이 일반적으로 앨퍼와 허먼의 예언을 모르고 있었다는 사실이 아니다.―과학 문헌의 거대한 대양에서 한두 가지 논문이 눈에 띄지 않고 잊혀져 버리는 것은 예사이다. 훨씬 더 수수께끼 같은 것은, 10년여 동안이나 다른 누구도 같은 줄거리의 추리를 하지 않았다는 사실이다. 1964년에 와서야 '대폭발' 모델 안에서 핵합성의 계산이 소련의 젤도비치, 영국의 호일과 테일러, 그리고 미국의 피블스에 의해 다시 시작되었는데, 이들은 모두 독립적으로 연구하고 있었다. 그러나 이때에는 펜지어스와 윌슨이 이미 홀름델에서 관측을 시작했었고, 초단파 배경복사의 발견은 우주론자들의 어떠한 교사(敎唆)도 받지 않고 이루어졌다.

또 수수께끼 같은 것은, 앨퍼와 허먼의 예언을 알았던 사람들도 여기에 관심을 두지 않았다는 사실이다. 앨퍼, 허먼, 폴린 자신들도 1953년, 그들의 논문에서 핵합성 문제를 '미래의 연구'로 유보해 두었다. 그래서 그들의 개량된 모델을 기초로 해서 초단파 배경복사의 예상 온도를 재계산할 처지에 있지 않았다(또 그들은 5K 배경복사가 예상된다는 이전의 예언도 언급하지 않았다. 1953년에 미국물리학회(American Physical Society)의 한 회의에서 어떤 핵합성 계산에 관해 보고한 것은 사실이나, 세 사람은 곧 서로 다른 연구실로 돌아갔으며 그 연구가 결정적인 형태로 쓰이지도 않았다). 수년 후 초단파 배경복사가 발견된 뒤에 펜지어스에게 보낸 한 편지에서 가모브가 지적하기를, 그가 왕실 덴마크 학술 원보(Proceedings of the Royal Danish Academy)에 낸 1953년의 논문에서 대략 올바른 자릿수의 크기를 갖는 온도 7K의 배경복사를 예언했다는 것이다. 이 1953년의 논문을 잠시 살펴보면 가모브의 예언은 우주의 나이와 관련해서 수학적으로 틀린 논거에 의한 것이지 자신의 우주 핵합성 이론에 근거한 것이 아님을 알 수 있다. 그러나 1950년대와 1960년대 초에는 우주의 경원소 존재비가 배경복사의 온도에 관한 결정적인 결론을 내릴 수 있을 만큼 충분히 잘 알려져 있지 않았다고 말할 수도 있을 것이다. 우리가 지금도 우주의 헬륨 존재비가 20~30% 정도임을 확신할 수 없는 것은 사실이다. 그러나 중요한 것은 1960년 이전에도 오랫동안 우주 질량의 대부분이 수소로 되어있다고 믿어졌다는 점이다(예를 들면, 한스 쥐스(Hans Suess)와 해럴드 유리(Harold Urey)

의 1956년의 조사에 의하면 수소의 존재비는 무게로 75%였다). 그리고 수소는 별들에서 만들어지는 것이 아니다.—수소는 원시적 연료이고, 이것으로부터 별들이 에너지를 끄집어내어 더 무거운 원소들을 형성한다. 이 사실만으로도 모든 수소가 초기우주에서 더 무거운 원소들로 요리되어버리는 것을 막기 위해서는 큰 광자 대 핵입자의 비가 있었어야 한다고 말해주기에 충분했다.

그럼 "3K의 등방성 배경복사를 관측하는 것이 기술적으로 언제 가능했던가?"라는 질문을 할 수 있을 것이다. 이 물음에 대한 정확한 대답을 하기는 어렵지만 실험에 종사하는 내 동료들의 말로는 이 관측은 벌써 1965년 훨씬 이전, 아마 1950년대 중반쯤 또는 1940년 중반에도 가능했을 것이라고 한다. M.I.T. 복사연구소의 디키(Dicke)가 이끄는 연구진은 벌써 1946년에 어떤 외계의 등방성 배경복사에 상한을 정할 수가 있었는데, 그 등가온도는 파장 1.00, 1.25, 그리고 1.50cm에서 20K 이하였다. 이 측정은 대기의 흡수에 관한 연구의 한 부산물이었고, 물론 우주론적 관측프로그램의 일부분은 아니었다(사실 디키가 나에게 이야기하기를, 그가 가능한 우주의 초단파 배경복사에 관해 생각을 갖기 시작했을 때, 그 자신이 이미 20년 전에 얻은 20K의 배경온도 상한을 잊고 있었다고 한다).

3K의 등방성 초단파 배경복사의 검출이 어느 시점에서 가능했는가를 정확히 꼬집어 내는 것이 역사적으로 매우 중요한 일은 아닌 것 같다. 중요한 것은 전파천문학자들이 마땅히 시도해야 할 일을 모르고 있었다는 사실이다! 이와는 대조적인 뉴트리노 발견의 역사를 생각해보자. 1932년

에 파울리가 뉴트리노를 가상했을 때는 당시 가능했던 어떤 실험으로도 그것을 관찰할 가망의 그림자조차 없었던 것이 명백하다. 그럼에도 불구하고 뉴트리노의 검출은 물리학자들의 마음속에 도전의 목표로 남아 있었으며, 1950년대에 와서 이러한 목적으로 원자로가 사용될 수 있게 되자 뉴트리노는 탐색되었고 결국 발견되었다. 이러한 대조는 반양성자의 경우에 더 뚜렷하다. 1932년에 우주선에서 양전자가 발견된 후, 이론가들은 일반적으로 전자뿐 아니라 양성자도 반입자를 가져야만 한다는 것을 예상하고 있었다. 1930년대에 초기의 사이클로트론을 가지고 반양성자를 생산할 가망은 없었지만, 물리학자들은 이 문제를 인식하고 있었다. 그리고 1950년대에 와서는 반양성자를 생산할 수 있을 만큼 충분한 에너지를 얻을 수 있도록 특별한 가속기(버클리의 베바트론, Bevatron)를 만들었다. 우주의 초단파 배경복사의 경우에는 디키와 그의 동료들이 1964년에 그것을 검출할 때까지 이와 비슷한 일도 일어나지 않았다, 이때에 이르러서도 프린스턴 그룹은 이미 10년 전에 있었던 가모브, 앨퍼, 허먼의 연구를 모르고 있었다!

그러면 무엇이 잘못되었던 것일까? 왜 초단파 배경복사 탐색의 중요성이 1950년대 그리고 1960년대 초기에 일반적으로 인식되지 못했던가에 대한 적어도 세 가지 흥미로운 이유를 여기에서 추적할 수 있다.

첫째, 가모브, 앨퍼, 허먼, 폴린 등은 하나의 보다 광범위한 우주 진화론의 맥락에서 연구하고 있었음이 고려되어야 한다. 그들의 '대폭발' 이론에서는 비단 헬륨뿐만 아니라 실질적으로 모든 복잡한 핵들이 초기우주에서 급속한 중성자 추가 과정에 의해 만들어졌다고 생각되었다. 그러나 이 이론은 어떤 중원소들의 존재비를 정확히 예언했지만, 어떤 중원소들이 도대체 왜 존재하는가를 설명하는 데는 난관에 부딪쳤다. 이미 언급한 바와 같이 다섯 개 혹은 여덟 개의 핵입자를 갖는 안정한 핵은 없다. 따라서 중성자 또는 양성자를 헬륨($He^4$) 핵에 덧붙이거나 혹은 헬륨핵의 쌍을 융합함으로써 헬륨보다 더 무거운 핵들을 만들 수는 없다(이런 장애는 페르미와 터케비치가 처음으로 지적했다). 이러한 어려움을 감안하면 왜 이론가들도 이 이론에서 헬륨 생산의 계산을 중요시하는 것조차 꺼렸는지를 쉽게 알 수 있다.

우주 초기의 원소 합성 이론은 원소들이 별들 안에서 합성된다는 대안(代案) 이론이 개선됨에 따라 점점 근거를 잃게 되었다. 1952년에 에드윈 샐피터(Edwin Salpeter)는 다섯 개 혹은 여덟 개의 핵입자를 갖는 핵의 결핍 문제가 조밀한 헬륨이 풍부한 별들의 중심부에서는 설명될 수 있음을 증명했다. 곧 두 개의 헬륨핵의 충돌은 하나의 불안정한 베릴륨핵($Be^8$)을 만들며, 이 높은 밀도의 조건 아래서 베릴륨핵은 붕괴되기 전에 또 다른 하나의 헬륨핵을 때려 안정한 탄소핵($C^{12}$)을 만들 수 있다는 것이다(우주론적 핵합성의 시기에는 우주의 밀도가 너무 낮아서 이 과정이 일어날 수 없었다). 1957년에 제프리(Geoffrey)와 마거릿 버비지(Margaret Burbidge), 파울러, 호일의 유명한 논문이 나왔는데, 이 논문에서는 중원소들이 별에서, 특히 초신성 같은 별의 폭발에서 강한 중성자속(-束, neutron flux)이 있던 기간 동안에 형성될 수 있음이 증명되었다. 그러나 1950년대 이전에도 벌써 천체물리학자들 사이에는 수소 이외의 모든 원소들이 별에서 생산된다고 믿는 경향이 농후했다. 호일은 이것이 금세기의 처음 몇십 년에 천문학자들이 별에서 생산되는 에너지원을 이해하기 위해 애쓴 투쟁의 보람일 것이라고 내게 이야기한 바 있다. 1940년에 이르러서는 한스 베테(Hans Bethe)와 다른 사람들의 연구로 관건이 되는 과정은 네 개의 수소핵이 하나의 헬륨핵으로 융합되는 것이라는 사실이 명백해졌으며, 이 생각은 별의 진화를 이해하는 데 1940년대와 1950년대에 빠른 진전을 가져왔다. 호일이 말하듯이 이러한 모든 성공이 있고 나서 많은 천체물리학자들은 별이 원소 형성의 근거지임을 의심하는 것은 외고집이라고 여겼다.

그러나 별들에서의 핵합성 이론도 문제점들을 내포하고 있었다. 별들이 어떻게 20~30%의 헬륨 존재비를 이룰 수 있는가를 알기는 쉽지 않다.—사실 이 융합에서 해방되는 에너지는 별들이 그들의 온 수명 기간 동안 방출하는 것처럼 보이는 에너지보다 훨씬 더 클 것이다. 원소 합성에 관한 우주론은 이 에너지를 멋있게 몰아내 버린다.—곧 이 에너지는 일반적인 적색편이로 단순히 사라져 버린다는 것이다. 1964년에 호일과 테일러는 현 우주의 큰 헬륨 존재비는 보통 별들에서 만들어질 수 없음을 지적했고, '대폭발'의 초기 단계에서 생산되었을 헬륨양을 계산해서 무게로 36%라는 존재비를 얻었다. 공교롭게도 그들은 핵합성이 일어난 때를 50억 켈빈이라는 다소 임의적인 온도의 순간으로 확정했는데, 사실 이러한 가정은 당시에 알려있지 않은 변수인 광자 대 핵입자의 비에 좌우된다. 만약 관측된 헬륨 존재비로부터 이 비를 추산하기 위해 그들의 계산을 사용했더라면, 그들은 대략 바른 자릿수의 크기의 온도를 가진 현재의 초단파 배경복사를 예언할 수 있었을 것이다. 어떻든 간에 정상 상태 이론의 창시자 중 한 사람인 호일이 기꺼이 이러한 줄거리의 추리를 따르려고 했고 이것이 '대폭발' 모델 같은 이론에 증거를 제공했다는 사실은 인상적이다.

오늘날 핵합성은 우주론적으로도 또 별에서도 다 같이 일어난다고 믿어진다. 헬륨과 아마 몇 가지 다른 가벼운 핵들은 초기우주에서 합성되었으며, 별들은 그밖에 다른 모든 원소들의 합성에 원인이 된다. 핵합성에 관한 '대폭발' 이론은 너무 많은 것을 설명하려고 했기 때문에 사실 헬륨 합성의 그럴듯한 이론으로서 받을만한 공적까지도 잃어버렸다.

둘째, 이 경우는 실험가와 이론가들 사이의 교신에 파국이 일어난 하나의 고전적 예였다. 대부분의 이론가들은 등방성 3K 배경복사가 검출될 수 있으리라고는 생각하지 못했다. 피블스에게 보낸 1967년 6월 23일자의 한 편지에서 가모브는 자기나 앨퍼, 허먼도 그들이 우주론에 관한 연구를 하던 시기에는 전파천문학이 아직 유년기에 있었기 때문에 '대폭발'로부터 남은 복사의 검출 가능성을 고려하지 못했다고 설명했다(그러나 앨퍼와 허먼이 나에게 말하기를, 사실 그들은 존스홉킨스대학(Johns Hopkins University), 해군연구소(Naval Research Laboratory), 그리고 표준국(NBS)에 있는 레이더 전문가들과 우주배경복사의 관측 가능성을 타진해 보았으나, 5K 혹은 10K의 배경복사 온도가 너무 낮아서 당시의 기술로는 검출할 수 없다고 들었다고 했다).

반면에 몇몇 소련의 천체물리학자들은 초단파 배경복사가 검출될 수 있을 것으로 생각했던 모양이나 그들은 미국의 기술 잡지 용어 때문에 미로에 빠져버렸다. 1964년의 한 개관(戰銀)논문에서 젤도비치는 현재 복사온도의 두 가지 가능한 값에 대한 우주의 헬륨 존재비를 정확히 계산했으며, 핵입자당 광자수(혹은 핵입자당 엔트로피)가 시간에 따라 변하지 않기 때문에 이 값들은 서로 관련된다는 것을 올바르게 강조했다. 그러나 그는 옴(E. A.Ohm)이 벨 회사의 기술지(Bell System Technical Journal)에 쓴 1961년의 논문에 '하늘 온도(sky temperature)'라는 용어의 사용으로 오도되었던 것 같다. 젤도비치는 복사온도가 1K 이하인 것으로 측정되었다고 판단했었다(옴이 사용한 안테나는 펜지어스와 윌슨이 마침내 배경복사를 발견하는 데 사용한 동일한 20인치 혼 반사기였다). 이것이 약간 낮은 우주의 헬륨 존재비의 추산과 더불어 젤도비치로 하여금 잠시 동안 뜨거운 초기우주의 개념을 버리도록 만들었다.

물론 실험가들로부터 이론가들로 정보 소통이 나빴던 것과 동시에 이론가들로부터 실험가들에게도 정보의 유동이 나빴다, 펜지어스와 윌슨은 1964년에 그들의 안테나를 점검하기 시작할 때 앨퍼와 허먼의 예언을 들어 보지도 못했었다.

셋째, 내 생각에는 이것이 가장 중요하다. '대폭발' 이론이 3K 초단파 배경복사의 탐색으로 이끌지 못한 이유는 초기우주의 어떤 이론이고 간에 이것을 심각하게 취급하기가 물리학자들에게는 엄청나게 어려운 일이었기 때문이다(여기서 나는 부분적으로 1965년 이전의 내 자신의 태도를 회고하며 이야기한다). 위에 말한 어려움들 중 어느 것도 약간의 노력을 들이면 극복될 수 있었을 것이다. 그러나 처음 3분간은 우리와 시간적으로 너무 멀리 떨어져 있고 온도와 밀도의 조건들이 너무 동떨어진 것이었기 때문에 우리는 통상의 통계역학과 핵물리학을 적용하는 데 불편을 느꼈다.

물리학에서 이런 일은 드물지 않다.—우리의 과오는 우리가 이론을 너무 심각하게 생각하는 데 있는 것이 아니라 충분히 심각하게 생각지 않는 데에 있다. 우리가 책상에서 씨름하는 이 수치와 방정식들이 실제의 세계와 어떤 관련을 가지고 있음을 인식하기란 항상 쉬운 일이 아니다. 설상가상으로 어떤 현상들은 단순히 상당한 이론적, 실험적 노력을 들이기에는 적합한 과제가 아니라는 일반적으로 일치된 통념이 있는 것 같다. 가모브, 앨퍼, 그리고 허먼은 무엇보다도 그들이 기꺼이 초기우주를 신중하게 생각한 데 대해, 그리고 기지의 물리 법칙들이 처음 3분간에 관해서 무엇을 말할 수 있는가를 연구한 데 대해 그 공적을 높이 평가받을 만하다. 그런데 그들조차도 마지막 한 걸음을 내딛지 못해서 전파천문학자들에게 초단파 배경복사를 찾아야 한다고 확신시키지 못했다. 궁극적으로 1965년에 3K 배경복사의 발견이 이룩한 가장 중요한 공로는 우리들 모두에게 초기우주가 있었다는 것을 진지하게 생각하지 않을 수 없게 한 점이다.

내가 이 잃어버린 기회에 관해서 장황하게 이야기한 것은 이것이 나에게는 과학사의 경과에 관한 가장 계몽적인 예가 된다고 여겨지기 때문이다. 아주 많은 과학 사료 편찬이 과학의 성공 사실들, 예기치 못한 발견들,

재기 넘치는 증명들, 또는 뉴턴이나 아인슈타인 같은 사람들이 해내는 마술 같은 비약들을 취급하는 것은 이해할 만하다. 그러나 나는 그것이 얼마나 어려운가를—얼마나 미궁에 빠지기 쉬운가, 언제나 다음에 할 일이 무엇인가를 알기가 얼마나 어려운가—이해하지 않고 정말로 과학의 성공을 이해하기란 불가능하다고 생각한다.

제7장

# 처음 100분의 1초

5장에 기술한 처음 3분간에 관한 우리의 이야기는 시초부터 시작한 것이 아니었다. 그보다는 '첫 번째 화면'에서 출발했는데, 이때 우주의 온도는 이미 1,000억 K까지 식었고 다수로 있었던 입자는 광자, 전자, 뉴트리노 그리고 그들의 대응된 반입자들이었다. 만약 이것들이 실제로 자연에 있는 유일한 입자의 유형들이라면 우리는 우주의 팽창을 시간적으로 거꾸로 소급할 수 있을 것이고, 그로부터 정말 시작이 있었어야 하며, 그것은 무한대의 온도와 밀도의 상태였고, 우리의 첫 번째 화면보다 0.0108초 전에 일어났을 것으로 추측할 수 있다.

　그러나 현대물리학에 알려진 많은 다른 입자의 유형들이 있다. 곧 뮤온, 파이-중간자, 양성자, 중성자 등. 우리가 점점 더 이른 시기로 거슬러 올라가 보면 이 모든 입자들이 많은 수로 열평형에 존재하며 모두 계속적인 상호작용의 상태에 있을 만큼 높은 온도와 밀도를 접하게 된다. 우리는 아직 이러한 잡탕의 성질들을 자신을 가지고 계산할 수 있을 만큼 소립자들의 물리학에 관해서 충분히 알고 있지 않은데, 나는 그 이유를 설명하고 싶다. 이렇듯 미시적 물리에 대한 무지는 바로 시초를 들여다보려는 우리의 시계를 가리는 베일처럼 쳐져있다.

　물론 이 베일을 넘어다보려는 시도는 유혹적이다. 이 유혹은 나처럼 하는 일이 천체물리학보다는 소립자물리학과 관련된 사람들에게 훨씬 더 강하다.

　당대의 입자물리학에서 많은 흥미로운 개념들은 대단히 미묘한 결과들을 가지고 있어서 오늘날의 실험실에서 시험하기는 매우 어렵지만, 이 개념들이 바로 초기우주에 적용될 때, 그 결과들은 아주 극적이다.

1,000억 도 이상의 온도까지 돌아다 볼 때 우리가 직면하는 첫 문제는 '강한 상호작용(strong interaction)'이다. 강한 상호작용은 원자핵 안에 중성자와 양성자를 묶어놓는 힘이다. 전자기적이고 중력적인 힘과 대조적으로 이 힘은 일상생활에서는 생소한데, 그 유효 거리가 약 10조 분의 1cm($10^{-13}$cm)로서 극히 짧기 때문이다. 핵들이 전형적으로 수억 분의 1cm($10^{-8}$cm) 떨어져 있는 분자 안에서도 서로 다른 핵들 사이의 강한 상호작용은 사실상 아무 효과도 나타내지 못한다. 그러나 이름이 암시하듯이 강한 상호작용은 매우 강하다. 두 개의 양성자를 서로 충분히 가까워지게 밀어붙이면 이들 사이의 강한 상호작용은 전기적 반발력보다 약 100배나 더 크다.—이 까닭으로 강한 상호작용이 거의 양성자 100개의 전기적 반발력에 맞서서 원자핵을 뭉쳐 놓을 수 있다. 수소 폭탄의 폭발은 중성자와 양성자들이 일종의 재배열을 하는 과정에서 생기는데, 이 재배열은 입자들을 강한 상호작용에 의해 서로 더 단단히 묶이도록 한다. 폭탄의 에너지는 바로 이 재배열 과정에서 나오는 과잉 에너지이다.

강한 상호작용을 전자기적 상호작용보다 수학적으로 취급하기 훨씬 더 어렵게 만드는 것은 이 상호작용의 강도(strength)이다. 예를 들어 전자기적 반발로 인한 두 전자의 산란율을 계산할 때 우리는 광자와 전자-양전자 쌍의 일련의 특별한 방출 및 흡수에 각각 해당되는 무한히 많은 수의 기여(contributions)를 합해야 한다. 이것은 〈그림 10〉에 보인 것처럼 '파인만 도표(Feynman diagram)'로 상징된다(이 도표를 사용하는 계산 방법은 1940년대 당시 코넬(Cornell)대학에 있던 리처드 파인만(Richard Feynman)에 의해 완성되었다. 엄밀히 말하면 산란 과정에 대한 율은 각 도표에 대해 하나씩 해당하는 기여의 합의 제곱으로 주어진다). 어느 도표에 내부선(internal line)이 한 개 더 붙으면 도표의 기여는 '미세 구조 상수(微細構造常數, fine structure constant)'로 알려진 자연의 기본 상수와 대략 같은 인수만큼 작아진다. 이 상수는 매우 작아서 약 1/137.036이다. 따라서 복잡한 도표는 더 작은 기여를 준다. 산란 과정의 율을 적당한 근사로 계산하려면 우리는 단지 몇 개의 간단한 도표를 더하면 된다(이것이 우리가 원자 스펙트럼을 거의 무제한 한 정밀도로 예언할 수 있다고 자신하는 이유다). 그렇지만 강한 상호작용의 경우에는 미세 구조 상수의 역할을 하는 상수가 1/137이 아니라 거의 1이다. 그러므로 복잡한 도표들은 간단한 도표와 거의 같은 크기의 기여를 준다. 이 문제가, 곧 강한 상호작용이 가담하는 과정들에 대한 율을 계산하기 곤란함이 지난 4반세기 동안 소립자 물리학의 진보에 하나의 큰 장애물이 되어왔다.

    모든 과정들에 강한 상호작용이 가담하는 것은 아니다. 강한 상호작용은 단지 '하드론(hadron)'이라는 일단의 입자들에게만 영향을 끼친다. 하드론에는 핵입자들과 파이-중간자 그리고 K-중간자, 에타-중간자, 람다-하이퍼론, 시그마-하이퍼론 등으로 알려진 불안정한 입자들이 속한다. 하드론은 일반적으로 렙톤('렙톤'이란 이름은 '가볍다'는 뜻의 고대 그리스어에서 따온 것이다)보다 더 무겁다. 그러나 이들 사이에 정말 중요한 차이점은 하드론이 강한 상호작용의 효과를 느끼지만 렙톤—뉴트리노, 전

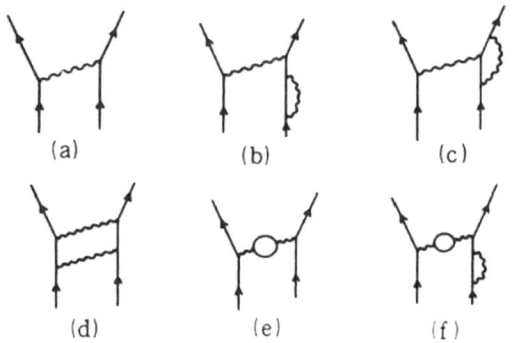

**그림 10. 몇 개의 파인만 도표**
여기에 전자-전자 산란 과정에 대한 몇 가지 간단한 도표들을 나타냈다. 직선들은 전자나 양전자를 표시하고 파선들은 광자를 나타낸다. 각 도표는 들어오는 전자와 나가는 전자의 운동량과 스핀에 의존하는 어떤 수치의 크기를 나타낸다. 산란 과정의 율은 이 크기들의 합의 제곱이다. 이러한 합에 대한 각 도표의 기여는 인수 1/137(미세 구조 상수)의 여러 개의 곱에 비례하는데, 이 개수는 광자선들의 수로 주어진다. 도표 (a)는 광자 한 개의 교환을 표현하고 1/137에 비례하는 주도적인 기여를 준다. 도표 (b), (c), (d)와 (e)는 (a)에 주된 '복사보정(補正)'을 준다. 이들은 모두 $(1/137)^2$ 크기의 기여를 준다. 도표 (f)는 이보다 더 작은 기여를 주는데, 그 크기는 $(1/137)^3$에 비례한다.

자, 그리고 뮤온—은 그렇지 않다는 것이다. 전자들이 핵력(nuclear force)을 느끼지 않는 사실은 아주 중요하다.—이 사실은 전자의 질량이 작은 것과 함께 원자나 분자 안의 전자의 구름이 원자핵보다 약 100,000배나 더 크고, 또 분자 안에 원자들을 붙잡아 두고 있는 화학적 힘이 핵 안의 중성자와 양성자들을 붙잡아 두는 힘보다 수백만 배나 더 약하다는 사실의 원인이 된다. 가령 원자와 분자 안에 있는 전자들이 핵력을 느낀다면, 화학이나 결정학(結晶學) 또는 생물학은 존재할 수 없고 다만 핵물리학이 있게 될 것이다.

우리가 5장에서 출발점으로 삼은 1,000억 K이라는 온도는 모든 하드론에 대한 문턱온도 이하가 되도록 유의해서 선택한 온도였다(206페이지 표 1에 따르면 가장 가벼운 하드론인 파이-중간자는 약 1.6조 켈빈의 문턱온도를 갖는다). 이래서 5장에 한 이야기 전체를 통해서 다수로 존재한 입자들은 단지 렙톤과 광자뿐이었고, 그들 사이의 상호작용은 안심하고 무시할 수 있었다.

그럼 우리는 하드론과 반하드론이 수많이 존재했을 때의 더 높은 온도를 어떻게 다룰 것인가? 이에 대해서는 하드론의 본질에 관해서 두 가지의 판이한 학설을 반영하는 두 가지 다른 해답이 있다.

한 학설에 의하면 '기본적인(elementary)' 하드론 같은 것은 실제로 없다. 모든 하드론이 다른 하드론과 똑같이 기본적이라는 이야기다.—양성자와 중성자처럼 안정하거나 거의 안정한 하드론, 또 파이-중간자, K-중간자, 에타-중간자 같은 온건하게 불안정한 입자들과 광학적 필름이나 거품상자(bubble chamber)에 측정 가능한 자취를 남길 만큼 긴 수명을 갖는 하이퍼론, 광속에 가까운 속력으로 겨우 원자핵을 관통할 정도의 짧은 수명밖에 갖지 않는 로-중간자 같은 전혀 불안정한 입자들까지도. 이러한 신조는 1950년대 말엽에 특히 버클리의 제프리 츄(Geoffrey Chew)에 의해 발전되었고 때때로 '핵의 민주주의(nuclear democracy)'로 알려졌다.

이러한 자유주의적인 '하드론'의 정의로는 100조 K보다 낮은 문턱온도를 갖는 기지의 하드론들이 문자 그대로 수백 개가 있고 아직도 아마 수백 개가 더 발견될지 모른다. 어떤 이론들에서는 입자 종류의 수가 무제한이다. 곧 우리가 더 큰 질량을 조사하면 할수록 입자 유형의 수는 점점 더 급속히 증가한다. 이러한 세계를 이해하려는 것은 가망 없는 일처럼 보일지 모르나 바로 이 입자 스펙트럼의 복잡성이 일종의 단순성에 이르게 할 수도 있을 것이다, 예를 들어 로-중간자는 파이-중간자 두 개의 불안정한 복합물로 생각될 수 있는 하드론이다. 우리의 계산에 로-중간자를 명백히 포함시킬 때 우리는 이미 어느 정도 파이-중간자들 사이의 강한 상호작용을 고려하는 셈이 된다. 아마 모든 하드론들을 뚜렷이 열역학적 계산에 포함시킴으로써 우리는 강한 상호작용의 모든 다른 효과들을 무시할 수 있을 것이다.

만약 실제로 무제한 수의 하드론 종류가 있다면 우리가 일정한 부피에 점점 더 많은 에너지를 공급할 때, 그 에너지는 입자들의 질서 없는 운동을 가속하는데 들어가지 않고, 그 부피 안에 있는 입자 유형의 수를 증가시키는 데 들어간다. 그러면 온도는 에너지 증가에 따라 하드론 종류의 수가 고정되어 있다고 할 경우처럼 급속히 높아지지 않는다. 사실 이러한 이론들에 의하면 한 최대 온도가 있을 수 있고, 이 값의 온도에서 에너지 밀도는 무한대가 된다. 절대영도가 온도의 하한인 것처럼 이것은 넘어설 수 없는 온도의 상한이 될 것이다. 하드론 물리에서 최대 온도의 개념은 원래 제네바에 있는 유럽 핵연구기구(CERN)의 하게돈(R. Hagedorn)에 의해 창시되었는데, M.I.T.의 커슨 황(Kerson Huang)과 나 자신을 포함한 다른 이론가들에 의해 계속 발전되었다. 최대 온도가 얼마쯤 될 것인가에 관해서는 상당히 정확한 추산까지도 있다.—이것은 놀라울 만치 낮은 약 2조 켈빈 ($2\times10^{12}K$)이다. 우리가 우주의 시초로 점점 더 가까이 접근하면 온도는 이

최고값에 점점 더 가까이 육박해 가며, 다양한 하드론 유형들이 점점 더 풍부해질 것이다. 그러나 이러한 이색적 조건들 아래서도 의연히 시초가 있었을 것이며, 그것은 무한한 에너지 밀도의 시점, 곧 5장의 첫 번째 화면으로부터 대충 100분의 1초 전일 것이다.

또 하나의 다른 학설이 있다. 이 학설은 '핵의 민주주의'보다 훨씬 더 전통적이고 통상의 직관에 더 가까우며, 나의 견해로는 진리에도 더 가깝다. 이 학설에 의하면 모든 입자들이 동등하지는 않다. 어떤 것은 정말 기본적이고 다른 모든 입자들은 이 소립자들의 단순한 복합물이다. 광자와 모든 기지의 렙톤들은 소립자에 든다고 생각되지만 기지의 하드론은 어느 것도 소립자가 아니다. 그보다 하드론은 '쿼크(quark)'라는 더 기본적인 입자들의 복합물이라고 생각된다.

쿼크 이론의 원판은 캘리포니아 공과대학(Cal Tech)의 머리 겔만(Murray Gell-Mann)과 (독립적으로) 조지 츠바이크(George Zweig)에게서 나왔다. 이론물리학자들의 시적(詩的) 상상력은 여러 종류의 피크를 이름 붙이는 데 있어 정말 도를 지나친다. 쿼크는 여러 가지 유형들로 혹은 '맛(flavor)'들을 가지고 나타나는데, 이들은 '위(up)', '아래(down)', '기묘한(strange)', 그리고 '매력 있는(charmed)' 따위의 이름을 갖고 있다. 더구나 쿼크 각각의 '맛'은 세 개의 다른 '색깔(color)'들을 가지고 나타나는데, 미국의 이론가들은 이것을 통상 빨강(red), 하양(white), 그리고 파랑(blue)으로 부르고 있다. 북경에 있는 소군(小群)의 이론물리학자들은 쿼크 이론의 한 변형을 오랫동안 지지하고 있다. 그 사람들은 이 입자들이 보통 하드론보다 더 깊은 진실성의 층을 나타낸다는 이유로 리크 대신 '층자(層子, stratons)'라 부른다.

쿼크 개념이 옳다면 아주 초기우주의 물리는 생각했던 것보다 더 간단할 수도 있다. 핵입자 안에 쿼크의 공간적 분포로부터 이들 사이의 힘에 관한 어떤 추측이 가능하고, 이 분포는 다시(쿼크 모델이 진실이라면) 전자들과 핵입자들의 고에너지 충돌의 관측으로부터 결정될 수 있다. 이런 방법으로 수년 전에 M.I.T.-스탠퍼드 선형 가속기센터(MIT-Stanford Linear Accelerator Center)의 공동 연구에 의해서 쿼크들 사이의 힘은 쿼크들이 서로 아주 가까이 접근할 때 사라져 버리는 것 같다는 사실이 발견되었다. 이것은 원자가 수천 도에서 전자들과 핵으로 쪼개지고 핵이 수십억 도에서 양성자와 중성자들로 쪼개지듯이, 수조 도 근방의 어떤 온도에서는 하드론도 단순히 그 구성 요소인 쿼크들로 쪼개질 것임을 시사한다. 이러한 상상에 따르면 아주 초기에 우주는 광자, 렙톤, 반렙톤, 쿼크, 그리고 반쿼크(antiquark)로 구성되었고, 이들은 모두 본질적으로 자유 입자들로서 운동하고 있었으며, 따라서 각 입자 종류는 결과적으로 한 가지 더 많은 유형의 흑체복사를 제공했다고 생각될 수 있다. 그러면 무한대의 온도와 무한대의 밀도 상태인 시초가 있었고, 그 시점은 첫 번째 화면으로부터 약 100분의 1초 전이었음이 쉽게 계산될 수 있다.

이러한 다소 직관적인 개념들은 최근에 더 공고한 수학적 기초 위에 세워졌다. 1973년에 세 사람의 젊은 과학자들, 하버드의 데이비드 폴리처(Hugh David Politzer), 그리고 프린스턴의 데이비스 그로스(Davis Gross)와 프랑크 윌첵(Frank Wilczek)은 한 특수한 부류의 양자장론(量子場論)에서 쿼크들 사이의 힘들은 쿼크들이 서로 가까이 밀착될 때 실제로 더 약해진다는 것을 증명했다(이 부류의 이론은 '비(非) 아벨게이지 이론(non-Abelian gauge theories)'이라 불리는데, 너무 전문적인 이야기라서 그 이유를 여기에서 설명할 수는 없다). 이 이론들은 '점근적 자유(漸近的自由, asymptotic freedom)'라는 주목할 성질을 갖는다. 곧 점근적으로 짧은 거리나 혹은 높은 에너지에서 쿼크는 자유 입자처럼 행동한다. 케임브리지대학의 콜린스(J.C. Collins)와 페리(M. J.Perry)는 어떤 점근적인 자유 이론에서는 충분히 높은 온도와 밀도를 갖는 매질의 성질들이 본질적으로 매질이 순전히 자유 입자들로 구성되었을 경우와 같다는 것까지 증명했다. 이렇게 비 아벨게이지 이론의 점근적 자유는 우주의 처음 100분의 1초에 관한 매우 간단한 상상—우주가 자유 소립자들로 만들어졌었다는 생각—에 대해 확고한 수학적 입증을 제공한다.

쿼크 모델은 광범하고 다양한 응용에서 훌륭히 잘 들어맞는다. 양성자와 중성자는 실제로 이들이 세 가지 쿼크들로 구성된 것처럼 행동하고, 로-중간자는 쿼크와 반쿼크로 되어있는 것처럼 행동하는 것 등이다. 그러나 이러한 성공에도 불구하고 쿼크 모델은 우리에게 하나의 커다란 수수께끼를 주고 있다. 곧 현존하는 가속기들에서 얻을 수 있는 가장 높은 에너지를 가지고도 지금까지 어떤 하드론을 그 구성 요소인 쿼크들로 쪼갤 수가 없었다.

똑같은 자유 쿼크의 고립화 불능성(不能性)이 우주론에서도 나타난다. 만약 하드론들이 초기우주에서 지배적이던 높은 온도의 조건 아래서 실제로 자유 쿼크들로 분리되었다면 우리는 얼마간의 자유 쿼크들이 현재에도 남아 있을 것을 기대할 수 있다. 소련의 천체물리학자 젤도비치는 잔류된 자유 쿼크들은 현재의 우주에서 대충 금 원자처럼 흔할 것이라고 추정했다. 말할 것도 없이 금이 흔하지는 않지만 한 온스의 금을 구하기는 한 온스의 쿼크를 찾기보다 훨씬 쉽다.

고립된 자유 쿼크가 존재하지 않는다는 수수께끼는 현재 이론물리학자들이 직면한 가장 중요한 문제들 중 하나다. 그로스와 윌첵 그리고 나 자신도 '점근적 자유'가 하나의 가능한 설명을 제공해 준다고 시사했다.

두 쿼크들 사이의 상호작용의 세기가 이들이 서로 가까이 밀어붙여졌을 때 감소한다면 그들이 멀리 떨어질 때에는 증가한다. 따라서 보통 하드론에서 한 쿼크를 다른 쿼크로부터 떼어놓는 데에 필요한 에너지는 거리가 증가함에 따라 증가한다. 그러므로 결국에는 그 에너지가 진공으로부터 새로운 쿼크와 반쿼크의 쌍을 만들어 낼만큼 충분히 커진다. 마지막에는 여러 가지 자유 쿼크들이 남는 것이 아니라 여러 가지 하드론들이 남게 된다. 이것은 마치 줄의 한 끝을 분리하려는 것과 같다. 곧 여러분이 아주 세게 잡아당기면 줄은 끊어지지만, 마지막에 남는 것은 두 개의 줄이고 두 가닥의 줄은 각각 다시 두 개의 끝을 갖는다! 초기우주에서 쿼크들은 서로 충분히 가까웠기 때문에 이 힘을 느끼지 못하고 자유 입자들처럼 행동했다. 그러나 초기우주에 존재했던 온갖 자유 쿼크는 우주가 팽창하고 냉각될 때 하나의 반쿼크와 함께 소멸되었거나 아니면 양성자 또는 중성자 안에 휴식처를 찾아야 했을 것이다.

강한 상호작용에 관해서는 이 정도로 그친다. 우리가 바로 시초 쪽으로 시계를 거꾸로 돌릴 때 더 많은 문제들이 우리를 기다린다.

현대적 소립자 이론의 정말 매혹적인 결과는 온도가 273K(= 0℃) 아래로 떨어질 때 물이 어는 것처럼 우주가 하나의 '상전이(相轉移, phase transition)'를 겪었을 수도 있다는 것이 다. 이 상전이는 강한 상호작용과 관련되지 않고 입자물리학에서 다른 부류의 단거리(short-range) 상호작용인 약한 상호작용(weak interaction)과 관련된다.

약한 상호작용은 자유 중성자의 붕괴(130페이지 참조) 같은 어떤 방사능 붕괴 과정, 혹은 더 일반적으로 뉴트리노(134페이지 참조)를 수반하는 어떤 반응에도 원인이 되는 상호작용이다. 이 이름이 암시하듯이 약한 상호작용은 전자기적 또는 강한 상호작용보다 훨씬 약하다. 예를 들어 100만 전자볼트의 에너지로 한 뉴트리노와 한 전자가 충돌할 경우에 약한 힘(weak force)은 동일한 에너지로 충돌하는 두 전자들 간의 전자기적 힘의 약 1,000만 분의 $1(10^{-7})$이다.

약한 상호작용들이 이렇게 약함에도 불구하고 오래전부터 약한 힘들과 전자기적 힘들 사이에는 깊은 관계가 있을 것이라고 여겨져 왔다. 이들 두 힘을 통일하는 장이론이 1967년에 나와, 1968년에 독립적으로 아브두스 살람(Abdus Salam)에 의해 제안되었다. 이 이론은 새로운 부류의 약한 상호작용들 소위 중성류(中性流, neutral current)를 예언했는데, 이의 존재는 1973년에 실험적으로 확인되었다. 나아가서 이 이론은 또 1974년 이후 새로운 하드론들의 전족(全族)이 발견됨으로써 더욱 더 뒷받침을 얻었다. 이러한 이론의 중심 개념은 자연이 아주 고도의 대칭성(對稱性, symmetry)을 가지고 있으며, 이 대칭은 여러 가지 입자와 힘들을 서로 관련시키고 있지만 통상의 물리적 현상에서는 감추어져 있다는 것이다. 1973년이래 강한 상호작용들을 기술하기 위해 사용되는 장이론들은 동일한 수학적 유형(비 아벨게이지 이론들)의 것이고, 많은 물리학자들이 지금은 게이지 이론들이 자연의 모든 힘들, 곧 약한, 전자기적, 강한, 그리고 중력의 힘들을 이해하는 데 통일된 기초를 제공할 것으로 믿고 있다. 이 견해는 통일 게이지 이론들(unified gauge theories)의 한 성질에 의해 뒷받침되고 있는데, 이 이론들은 살람과 나 자신이 추측했고 1971년에 헤라르뒤스 엇호프트(Gerard 't Hooft)와 벤자민 리(Benjamin Lee)[1]에 의해서 증명되었다. 곧 복잡한 파인만 도표들의 기여는 외관상으로는 무한대이지만 모든 물리적 과정들의 율에 대해 유한한 결과를 준다.

초기우주의 연구와 관련된 게이지 이론의 요점은 1972년, 모스크바에 있는 레베데프(Levedev) 물리연구소의 키르즈니츠(D. A. Kirzhnits)와 린데(A. D. Linde)에 의해서 지적되었듯이, 이 이론들이 약 3,000조($3 \times 10^{18}$K)의 '임계 온도(critical temperature)'에서 일종의 결빙(結氷)과 같은 상전이를 나타낸다는 것이다. 임계 온도 이하의 온도에서는 우주는 과거에도 현재와 같았다. 곧 약한 상호작용은 약했고 그 유효거리는 짧았다. 임계 온도 이

---

[1] 한국명 이휘소(李輝昭). 한국 태생의 세계적인 이론물리학자로서 1977년 불의의 사고로 작고함 (역자주).

상의 온도에서는 약한 상호작용과 전자기적 상호작용의 본질적 통일이 뚜렷이 나타난다. 곧 약한 상호작용들이 전자기적 상호작용처럼 반(反)제곱의 법칙을 따르고 대략 동일한 세기를 갖는다.

 이것을 한 잔의 물이 어는 것과 비유하면 아주 유익하겠다. 빙점 이상에서 액체 상태의 물은 고도의 균질성을 나타낸다. 곧 잔 안의 일정한 점에서 한 물 분자를 발견할 확률은 어떤 다른 점에서나 똑같다. 그러나 물이 얼 때 공간의 여러 점들 사이에 이러한 대칭은 부분적으로 소실된다. 얼음이 결정 격자를 형성해서 물 분자들은 일정한 규칙적 간격을 갖는 위치들을 점유하게 되고, 다른 어떤 위치에서 물 분자를 발견할 확률은 거의 0이다. 비슷하게 온도가 3,000조 켈빈 이하로 떨어짐에 따라 우주가 '얼었을' 때 하나의 대칭이 소실되었다.—이 경우, 위에 말한 얼음의 보기처럼 우주의 공간적 균일성이 소실된 것이 아니라 전자기적 상호작용과 약한 상호작용 사이의 대칭이 소실된다.

 이 비유는 한걸음 더 끌고 갈 수 있다. 우리가 알고 있는 바와 같이 물이 얼 때는 항상 완전한 얼음 결정이 형성되는 것이 아니고, 훨씬 더 복잡한 것이 만들어진다. 즉, 다양한 형태의 불규칙한 결정들이 모여, 여러 유형의 결정 영역(domain)으로 나뉜 뒤, 커다란 뒤섞임을 이룬다. 우주 역시 얼어붙을 때 여러 개의 영역으로 나뉘어졌을까? 우리는 약한 상호작용과 전자기적 상호작용 사이의 대칭이 특별한 방식으로 깨어져버린 이러한 영역들 중의 하나에 살고 있는 것일까? 그래서 우리는 결국 다른 영역들을 발견하게 될까?

지금까지 우리의 상상은 3,000조 도의 온도에까지 거슬러 올라갔고 강한, 약한, 그리고 전자기적 상호작용들을 취급해야 했다. 물리학에서 알려진 또 다른 하나의 웅장한 상호작용인 중력적 상호작용(gravkational interaction)은 어떤가? 물론 중력은 우리의 이야기에 중요한 역할을 했다. 왜냐하면 중력이 우주의 밀도와 팽창 속도 사이의 관계를 지배하기 때문이다. 그렇지만 중력은 아직까지 초기우주의 어떤 부분의 내부적 성질에 별 영향을 끼친다고는 생각되지 않았다. 이것은 중력적 힘이 극히 약하다는 사실 때문이다. 예를 들어 한 수소 원자에서 전자와 양성자 사이의 중력적 힘은 전자기적 힘보다 10의 39승만큼 더 약하다(우주론적 과정들에서 중력의 약함을 보여주는 예시로 중력장에서 입자 생산의 과정을 보면 명백하다. 위스콘신대학의 레너드 파커(Leonard Parker)가 지적한 바에 의하면, 우주 중력장의 '조석(潮汐, tidal)' 효과는 우주의 시초 후 약 1조·조 분의 1초($10^{-24}$초)의 시점에서 진공으로부터 입자-반입자의 쌍을 생산할 만큼 컸다고 한다. 그러나 중력은 이 온도에서도 여전히 약해서 이런 식으로 생산된 입자들의 수가 이미 열평형에 존재하고 있던 입자들에게 무시할 정도의 기여밖에는 하지 않았다).

그럼에도 불구하고 우리는 중력의 힘들이 위에 논의한 강한 상호작용들처럼 강했을 때를 상상할 수는 있다. 중력장은 입자의 질량에 의해서만 만들어질 뿐만 아니고 모든 형태의 에너지에 의해서도 만들어진다. 태양이 지금보다 뜨겁다고 가상할 경우에는 지구가 태양의 주위를 좀 더 빨리 회전할 것인데, 이것은 태양의 열에 있는 에너지가 태양의 중력원에 보탬이 되기 때문이다. 초고온에서 열평형에 있는 입자들의 에너지는 대단히 커져서 그들 사이의 중력적 힘이 다른 어떤 힘들과 같을 정도로 강해질 수 있다. 우리는 이러한 상태가 약 1억·조·조($10^{32}$K)의 온도에서 이루어짐을 추정할 수 있다.

이 온도에서는 온갖 진귀한 일들이 진행되고 있었을 것이다, 중력적 힘이 강하고 중력장에 의한 입자 생산이 풍성했을 뿐만이 아니다.—바로 '입자'의 개념조차도 아직 어떤 의미를 갖지 못했을 것이다. '지평'—그 너머에서 오는 도대체 어떠한 신호도 아직 도착할 수 없는 거리—은 이 시점에서 열평형에 있는 전형적인 입자의 파장보다 더 가까웠을 것이다. 막연하게 표현해서, 각 입자는 관측할 수 있는 우주만큼이나 컸을 것이다!

우리는 중력의 양자적(量子的) 성질에 관해서 충분히 알고 있지 못하기 때문에 이 시점 이전에 있었던 우주의 역사에 관해서는 재치 있는 억측조차도 하지 못한 다. $10^{32}$K의 온도가 시초 이후 약 $10^{-43}$초 만에 도달되었을 것이라는 엉성한 추정을 할 수는 있으나, 이러한 추정이 어떤 의미를 갖는지는 사실 명백하지 않다. 이렇게 다른 베일들이 다 벗겨진다고 해도 $10^{32}$K 온도에서 여전히 하나의 베일이 남는데, 이것이 가장 이른 때를 들여다보려는 우리의 시계를 가로막는다.

그렇지만 이 모든 불확실성들 중 어느 것도 기원후 1976년의 천문학에 큰 지장을 주지는 않는다. 중요한 것은 처음 1초 동안에 우주는 짐작컨대 열평형의 상태에 있었고, 이 상태에서 뉴트리노들까지 포함해서 모든 입자들의 수와 분포는 그들의 상세한 전력(前歷)에 의해서가 아니라 통계역학의 법칙들에 의해서 결정되었다는 사실이다. 우리가 오늘날 헬륨의 존재비, 초단파 복사를 측정하고, 또 뉴트리노들의 존재비까지를 측정한다고 할 때 우리는 첫 1초의 마지막에 끝난 열평형 상태의 유물을 관측하는 것이다. 우리가 아는 한 관측할 수 있는 어떤 것도 이 시각 이전의 우주 역사에 의존하지 않는다(특히 광자 대 핵입자의 비 자체를 제외하고는 우리가 현재 관측하는 어떤 것도 우주가 처음 1초 이전에 등방적이고 균일했느냐 아니냐는 의존하지 않는다). 이것은 오찬을 조심스럽게 준비해서―가장 신선한 재료, 가장 신중히 고른 음식, 가장 좋은 포도주―모두 한 큰 솥에 집어넣고 몇 시간 끓인 경우나 같다. 이렇게 되면 가장 날카로운 미각을 가진 사람도 무엇을 대접받았는지 알기 어려울 것이다.

한 가지 가능한 예외가 있다. 중력의 현상은 전자기 현상처럼 잘 알려진 정지적 원격 작용의 형태는 물론이고 파동의 형태로도 나타날 수 있다. 정지해 있는 두 개의 전자는 그들 사이의 거리에 의존하는 정전기적 힘으로 서로 반발하지만, 만약 우리가 한 전자를 앞뒤로 흔들면 다른 놈은 이 간격 변화의 소식이 전자기파를 타고 한 입자에서 다른 입자로 전달될 시간이 지나기까지는 저에게 작용하는 어떤 힘의 변화도 느끼지 못한다. 이 파동들이 광속으로 전달되는 것은 말할 필요도 없다. 이들은 빛이다. 반드시 가시광은 아니지만. 똑같이 어떤 버릇없는 거인이 태양을 이리저리 흔들어댄다면 지상에 있는 우리는 파동이 태양으로부터 광속으로 지구까지 여행하는 데 필요한 시간인 8분 동안 이 효과를 느끼지 못하고 있을 것이다. 이것은 진동하는 전기 및 자기장의 파동인 광파가 아니고, 진동이 중력장에서 일어나고 있는 중력파(gravitational wave)이다. 꼭

전자기파의 경우처럼 우리는 모든 파장의 중력파들을 한데 뭉쳐 '중력 복사'라는 용어를 쓴다.

중력 복사는 전자기 복사나 혹은 뉴트리노 복사보다 물질과 훨씬 더 약하게 상호작용을 한다(우리가 중력 복사의 존재에 관한 이론적 근거에 꽤 자신을 가지고 있음에도 불구하고, 지금까지 많은 애를 썼지만 아직도 어떠한 근원으로부터 나오는 중력파도 검출하지 못한 까닭이다). 따라서 중력 복사는 아주 일찍이 다른 우주의 내용물과의 열평형을 벗어났을 것이다.―사실상 온도가 약 $10^{32}$K였을 때, 그 후 중력 복사의 유효 온도는 단순히 우주의 크기에 반비례해서 떨어졌다. 이것은 나머지 우주 내용물의 온도가 따르는 것과 똑같은 감소 법칙인데 쿼크-반쿼크 그리고 렙톤-반렙톤 쌍들의 소멸이 중력 복사가 아닌 나머지 우주를 가열한 점이 다르다. 따라서 오늘날 우주는 뉴트리노 광자의 온도와 비슷하거나 약간 낮은 온도의 중력 복사로 가득 차 있을 것이다.―이 온도는 아마 1K일 것이다. 이러한 복사의 검출은 오늘날의 이론물리학이 상상할 수 있는 우주 역사의 가장 이른 시기를 관측하는 것이 될 것이다. 유감스럽게도 1K의 중력 배경복사를 가까운 장래에 검출할 가능성은 매우 희박해 보인다.

지극히 추측적인 이론의 도움으로 우리는 우주의 역사를 무한대 밀도의 순간에까지 시간적으로 외삽(外揷)할 수 있었다. 그러나 이것으로 만족할 수는 없다. 물론 우리가 알고 싶은 것은 우주가 팽창하고 냉각하기 시작하기에 앞서 이 순간 이전에 무엇이 있었는가이다.

한 가능성으로, 실제로는 무한대 밀도의 상태가 있지 않았을 수도 있다. 현재 우주의 팽창은 이전의 수축 시대의 종말에 시작되었을 수도 있다. 이때 우주의 밀도는 어떤 아주 높지만 유한한 온도에 도달했을 것이다. 이 가능성에 관해서는 다음 장에서 좀 더 설명하겠다.

그러나 비록 진리인지는 몰라도 시초가 있었다는 것, 그리고 시간 자체가 그 순간 이전에는 아무 의미를 갖지 않는다는 것은 적어도 논리적으로 가능하다. 우리는 모두 절대영도의 개념에 익숙하다. 무엇이건 간에 273.16℃ 이하로 냉각시키는 것은 불가능하다. 그렇게 하기가 너무 어렵다거나 혹은 아직 충분히 성능 좋은 냉장고를 발명하지 못해서가 아니다. 절대영도 이하의 온도는 아무런 의미도 갖지 않기 때문이다. 우리는 무열(無熱)보다 더 적은 열을 가질 수는 없다. 같은 방식으로 우리는 절대영시(絶對零時)—곧 그 이전에는 원리적으로 어떠한 인과의 연쇄도 추적할 수 없는 과거의 한 순간—의 개념에도 익숙해져야 할지 모른다. 문제는 아직 미결이고 항상 미결로 남을는지도 모른다.

아주 초기의 우주에 관한 이 추측들에서 나오는 나에게 가장 만족스러운 결과는 우주의 역사와 그의 논리적 구조 사이의 가능한 평행성이다. 지금 자연은 다양한 유형의 입자들과 상호작용들을 나타내고 있다. 그러나 우리는 이 다양성의 밑바닥을 들여다보기를 배웠고, 여러 가지 입자들과 상호작용들을 간단한 통일 게이지장론의 여러 양상으로서 파악하려는 노력을 배웠다. 현재의 우주는 대단히 차기 때문에 여러 가지 입자들과 상호작용들 간의 대칭들이 일종의 결빙으로 감추어졌다. 이 대칭들이 일상의 현상에서는 나타나지 않지만 수학적으로 게이지장론들에서 표현된다. 우리가 지금 수학을 가지고 하는 일을 아주 초기의 우주에서는 열이 했다. 곧 물리적 현상들이 직접 자연의 본질적 단순성을 시현하고 있었다. 그러나 거기에 그것을 본 사람은 아무도 없었다.

제8장

# 후기: 앞으로의 전망

틀림없이 우주는 얼마동안 계속해서 팽창할 것이다. 그 후의 운명에 대해 표준 모델은 양의적(兩義的) 예언을 준다. 곧 모든 것이 우주의 밀도가 일정한 임곗값보다 더 크냐 작으냐에 달려있다. 우리가 2장에서 본 바와 같이 만약 우주의 밀도가 임계 밀도보다 더 작다면 우주는 무한한 크기이고 영원히 팽창을 계속할 것이다. 우리의 후손은, (만약 우리가 그런 후손을 갖는다면) 모든 별에서 열핵반응이 서서히 끝나 검은 왜성, 중성자별, 그리고 아마 검은 구멍 등 여러 가지 찌꺼기들을 남기는 것을 목격할 것이다. 행성들은 계속 궤도에 남아 있어 그들이 중력파를 복사함에 따라 좀 감속할 수 있겠지만 어떤 유한한 시간에 정지하지는 않을 것이다. 우주의 배경복사와 뉴트리노 배경의 온도는 계속해서 우주의 크기에 반비례해 떨어지겠지만 아주 없어지지는 않는다. 지금도 우리는 겨우 3K의 초단파 배경복사를 검출할 수 있는 것이다.

반면에 우주의 밀도가 임곗값보다 더 크다면 우주는 유한하고 팽창은 마침내 멎어 가속적인 수축이 뒤따를 것이다. 예를 들어 가령 우주의 밀도가 임곗값의 두 배라면, 그리고 현재 일반적으로 인정받고 있는 허블 상수의 값(100만 광년당 매초 15km)이 정확하다면 우주의 나이는 지금 100억 년이고 계속 500억 년을 더 팽창할 것이며, 그러고 나서는 수축하기 시작할 것이다(61페이지 그림 4 참조). 수축은 바로 팽창을 거꾸로 하는 것이다. 곧 500억 년 후에 우주는 현재의 크기를 다시 갖게 되고, 100억 년 더 뒤에는 무한한 밀도의 특이 상태에 접근할 것이다.

적어도 수축 단계의 이른 시기 동안에 천문학자들은(이런 사람들이 있다면) 적색편이와 청색편이를 다 같이 관측하는 데 재미를 붙일 수 있을 것이다. 인근한 은하들로부터의 빛은 그 빛이 관측될 때보다 우주가 더 컸을 때 방출되었을 것이니까, 이 빛은 스펙트럼의 단파장 끝 쪽, 곧 파랑 쪽으로 편이 되어 보일 것이다. 반면에 극히 먼 물체로부터의 빛은 빛이 관측될 때보다 우주가 더 작을 때, 곧 아직 팽창의 초기 단계에 있을 때 방출되었을 것이니, 이 빛은 스펙트럼의 장파장 끝 쪽으로, 곧 빨강 쪽으로 편이 되어 보일 것이다.

우주가 팽창하고 다시 수축할 때 뉴트리노와 광자의 우주 배경온도는 떨어졌다가 다시 올라가는데, 항상 우주의 크기에 반비례할 것이다. 만약 현재 우주의 밀도가 임곗값의 두 배라면, 우주가 최대로 팽창했을 때 현재보다 바로 두 배가 더 클 것이니까, 초단파 배경복사의 온도는 현재의 값 3K의 반인 약 1.5K가 될 것이다. 그리고 나서 우주가 수축하기 시작할 때 온도는 상승하기 시작할 것이다.

처음에는 아무런 경보도 울리지 않을 것이다.—수십억 년 동안 배경복사는 아주 차기 때문에 도대체 그것을 검출하기가 매우 어려울 것이다. 그러나 우주가 현재 크기의 100분의 1로 재수축했을 때 배경복사는 하늘을 지배하기 시작할 것이다. 밤하늘은 현재 우리의 대낮 같이 따뜻할 (300K) 것이다. 7,000만 년 후 우주는 또 한 번 10분의 1로 수축할 것이고, 우리의 후손들은(있다면) 밤하늘이 견딜 수 없이 밝다고 할 것이다. 행성 간, 성간 대기의 분자들과 성간 공간의 분자들은 그들의 성분 원자로 해리되고 원자는 자유 전자와 원자핵으로 분리될 것이다. 그때에는 별과 행성들 자체도 복사, 전자, 핵 등으로 된 우주의 국물로 녹아버릴 것이다. 다시 22일이 지나면 온도는 100억 도로 올라간다. 이제 핵들은 그들의 구성 요소인 양성자와 중성자로 쪼개지기 시작해서 별 내부의 핵합성과 우주론적 핵합성의 모든 작업을 원상태로 되돌려 버린다. 잠시 후 전자와 양전자는 광자-광자의 충돌에서 수많이 생산되고, 뉴트리노와 반뉴트리노의 우주 배경은 나머지 우주와 열적(熱的) 친교를 다시 맺을 것이다.

우리가 정말 이 슬픈 이야기를 쭉 끝까지, 곧 무한대의 온도와 밀도에까지 계속할 수 있을까? 정말 시간은 온도가 10억 도에 이른 후 약 3분 안에 그쳐버릴까? 물론 확실히는 모른다. 우리가 앞 장에서 처음 100분의 1초를 탐구하려고 할 때 보았던 모든 불확실성이 마지막 100분의 1초를 캐려고 하면 다시 나타나서 우리를 당혹케 한다. 무엇보다 전 우주는 1억·조·조 도($10^{32}$K) 이상의 온도에서 양자역학의 언어로 기술되어야 하고 그러면 무엇이 일어날지 아무도 상상 못한다. 또한 우주가 실제로 등방적이고 균일한 것이 아니라면(5장 말을 볼 것), 우리가 양자우주론의 문제에 직면하게 되기 훨씬 전에 우리의 모든 이야기는 효력을 잃어버릴지 모른다.

이러한 불확실성들로부터 어떤 우주론자들은 한 가닥의 희망을 얻는다. 우주는 일종의 우주적 '튕김(bounce)'을 받아 다시 팽창할는지 모른다. 에다(Edda)에서는 라그라노크에서 신들과 거인들의 마지막 싸움이 있은 뒤 토르(Thor)의 자식들은 그들 조상의 망치를 들고 지옥으로부터 올라와 온 세상이 또다시 시작된다. 그러나 우주가 재팽창한다면 그 팽창은 다시 느려져 정지하고 또 다른 수축이 뒤따를 것이며 또 다른 우주의 라그라노

크에서 끝나고 또 튕겨 오르고……이렇게 영원히 반복할 것이다.

우리의 미래가 이렇다면 아마 우리의 과거도 역시 그랬을 것이다. 현재 팽창하는 우주는 지난 마지막 수축을 뒤따른 한 단계에 불과하고 다시 튕길 것이다(사실 우주의 초단파 배경복사에 관한 1965년의 논문에서 디키, 피블스, 롤, 및 윌킨슨은 현재의 상태 이전에 우주의 팽창과 수축의 완전한 단계가 선행했다고 가정했으며, 우주가 전 단계에서 생성된 중원소들을 쪼개버리기 위해서 온도를 적어도 100억 도까지 높이기에 충분할 만큼 수축했어야 한다고 논의했다). 더 먼 과거를 돌아볼 때 우리는 무한한 과거로 뻗치는 팽창과 수축의 끝없는 순환을 상상할 수 있다. 물론 여기에는 시초도 없다.

어떤 우주론자들은 진동하는 우주의 모델에 철학적 매력을 느끼는데, 이것은 특히 정상 상태 모델같이 창세기의 문제를 멋있게 피하기 때문이다. 그러나 이 모델은 한 가지 심각한 이론적 난관에 부딪친다. 각 순환에서 광자 대 핵입자의 비는(혹은 더 정확히 핵입자당 엔트로피) 우주가 팽창하고 수축할 때 일종의 마찰(체적점성(bulk viscosity)으로 알려진)에 의해 약간 증가된다. 우리가 아는 한, 우주는 그러면 약간 더 커진 새로운 광자 대 핵입자의 비를 가지고 새 순환을 시작할 것이다. 바로 지금 이 비가 크기는 해도 무한대는 아니다. 그래서 어떻게 우주가 이전에 무한한 팽창과 수축의 순환을 겪었을까 짐작하기 어렵다.

이 모든 문제들이 해결된다 하더라도, 또 어떤 우주론적 모델이 옳다고 판명되든 간에, 어느 것도 우리에게는 위로가 되지 않는다. 우리는 우주와 어떤 특별한 관계를 가지고 있으며, 인간 생활은 과거의 처음 3분까지 소급하는 연쇄적 사건들의 다소 익살스런 연극의 결과에 불과한 것이 아니고, 또 인간은 아무튼 시초에 만들어졌다고 믿고 싶은 것은 거의 불가항력적이다. 이 글을 쓸 때 나는 우연히 샌프란시스코에서 보스턴의 집으로 가는 귀로에 와이오밍 상공을 나는 30,000피트 고공의 비행기 속에 앉아 있다. 저 아래 지구는 아주 아늑하고 쾌적해 보인다.—여기저기 솜털 같은 구름이 깔려 있고, 석양을 받아 눈은 분홍 빛깔을 띠고, 길들은 이 마을 저 마을로 시골을 누비고 있다. 이 모든 것이 적의에 가득 찬 우주의 아주 미소한 한 부분이라고는 실감하기 어렵다. 더 믿기 어려운 것은, 현재의 우주가 말할 수 없이 생소한 초기의 상태로부터 진화되어 왔고, 끝없는 차가움 또는 견딜 수 없는 열로 끝장날 미래를 직면하고 있다는 사실이다. 우주가 점점 더 이해될 듯하면 할수록 그만큼 또 무의미해 보인다.

    그러나 우리 연구의 성과가 아무런 위로가 되지 않는다 해도 우리는 적어도 연구 그 자체에서 어떤 위안을 느낀다. 성인남녀는 신과 거인들의 이야기로 만족하지 못한다. 또 그들의 생각을 일상다반사에만 한정시키지도 못한다. 사람들은 망원경과 인공위성과 가속기 등을 만들었고, 끊임없이 책상에 앉아 그들이 얻은 자료의 의미를 캐내고 있다. 우주를 이해하려는 노력은 인간 생활을 한낱 익살극의 수준 위로 좀 더 높여주고 약간 비극적인 우아함을 주는 아주 적은 일들 중의 하나이다.

표1. 몇 가지 소립자의 성질

| 입자 | | 기호 | 정지질량<br>100만 전자볼트 | 문턱온도<br>(10억 K) | 유효입자<br>종류수 | 평균수명<br>(초) |
|---|---|---|---|---|---|---|
| 렙톤 | 광자 | $\gamma$ | 0 | 0 | $1 \times 2 \times 1 = 2$ | 안정 |
| | 뉴트리노 | $\nu_e, \bar{\nu}_e$ | 0 | 0 | $2 \times 1 \times 7/8 = 7/4$ | 안정 |
| | | $\nu_\mu, \bar{\nu}_\mu$ | 0 | 0 | $2 \times 1 \times 7/8 = 7/4$ | 안정 |
| | 전자 | $e^-, e^+$ | 0.5110 | 5.930 | $2 \times 2 \times 7/8 = 7/2$ | 안정 |
| | 뮤온 | $\mu^-, \mu^+$ | 105.66 | 1226.2 | $2 \times 2 \times 7/8 = 7/2$ | $2.197 \times 10^{-6}$ |
| 하드론 | 파이중간자 | $\pi^0$ | 134.96 | 1566.2 | $1 \times 1 \times 1 = 1$ | $0.8 \times 10^{-16}$ |
| | | $\pi^+, \pi^-$ | 139.57 | 1619.7 | $2 \times 1 \times 1 = 2$ | $2.60 \times 10^{-8}$ |
| | 양성자 | $p, \bar{p}$ | 938.26 | 10,888 | $2 \times 1 \times 7/8 = 7/2$ | 안정 |
| | 중성자 | $n, \bar{n}$ | 939.55 | 10,903 | $2 \times 1 \times 7/8 = 7/2$ | 920 |

**몇 가지 소립자의 성질.** '정지 에너지'는 입자의 총질량이 에너지로 변환되면 풀려나올 에너지이다. '문턱온도'는 '정지 에너지 나누기 볼츠만 상수'이다. 이 온도 이상에서는 입자가 열복사로부터 자유로이 생성될 수 있다. '유효 입자 종류수'는 문턱온도를 넘는 높은 온도에서 에너지, 압력, 그리고 엔트로피에 대한 각 입자 유형의 상대적 기여를 준다. 이 수는 세 인수의 곱하기의 형태로 적혀있다. 즉 처음 인수는 입자가 별도의 반입자를 갖느냐 아니냐에 따라 2 또는 1이고, 두 번째 인수는 입자 스핀의 가능한 방위수이며, 세 번째 인수는 입자가 파울리 배타 원리를 준수하느냐 않느냐에 따라 7/8 또는 1이다. '평균 수명'은 입자가 다른 입자들로 방사능 붕괴를 할 때까지 그 입자가 지탱하는 시간의 평균 길이이다.

표 2. 몇 가지 복사 종류의 성질

| | 파장<br>(cm) | 광자에너지<br>(전자볼트) | 흑체온도<br>(K) |
|---|---|---|---|
| 전파(VHF까지) | >10 | <0.00001 | <0.03 |
| 초단파(마이크로파) | 0.01 to 10 | 0.00001 to 0.01 | 0.03 to 30 |
| 적외선 | 0.0001 to 0.01 | 0.01 to 1 | 30 to 3,000 |
| 가시광선 | $2 \times 10^{-5}$ to $10^{-4}$ | 1 to 6 | 3,000 to 15,000 |
| 자외선 | $10^{-7}$ to $2 \times 10^{-5}$ | 6 to 1,000 | 15,000 to 3,000,000 |
| X선 | $10^{-9}$ to $10^{-7}$ | 1,000 to 100,000 | $3 \times 10^6$ to $3 \times 10^8$ |
| $\gamma$선 | $<10^{-9}$ | >100,000 | $>3 \times 10^8$ |

**몇 가지 복사 종류의 성질.** 각종 복사는 여기에서 cm로 준 일정한 파장 영역들에 의해 특징지어진다. 이 파장의 영역에 대응하는 광자의 에너지 영역이 있는데 여기서는 전자볼트로 주어졌다. '흑체온도'는 흑체복사 대부분의 에너지가 주어진 파장 근방에서 집중되어 나타나는 온도이며, 여기서는 켈빈(K)으로 주어졌다(예를 들어 펜지어스와 윌슨이 우주배경복사를 발견하는 데 맞추었던 파장은 7.35cm였다. 그래서 이것은 초단파 복사이다. 한 핵이 방사능 변환을 겪을 때 방출되는 광자 에너지는 전형적으로 약 100만 전자볼트이다. 따라서 이것은 하나의 $\gamma$선이다. 태양 표면의 온도는 5,800K이다. 따라서 태양은 가시광선을 방출한다). 물론 여러 복사 종류가 완전히 날카롭게 구분되는 것은 아니며, 여러 가지 파장 영역의 정의에 관한 보편적인 일치도 없다.

# 어휘집

**감속 매개변수**(減速媒介變數, deceleration parameter)
　원거리의 은하들이 감속하는 비율을 특징짓는 수.

**강한 상호작용**(強相互作用, strong interactions)
　네 가지 일반적인 소립자 상호작용 중 가장 강한 것. 원자핵 안에 양성자와 중성자를 붙들어 놓는 핵력의 원인이 됨. 강한 상호작용은 하드론에만 영향을 끼치고 렙톤과 광자에는 끼치지 않음.

**겉보기 밝기**(實視光度, apparent luminosity)
　어떤 천체로부터 단위 시간, 단위 면적당 받는 총 에너지

**게이지 이론**(—理論, gauge theories)
　약한, 전자기적, 및 강한 상호작용의 가능한 이론들로서 현재 활발히 연구되고 있는 한 부류의 장이론. 이러한 이론들은 시-공의 점에서 점으로 변화하는 효과를 갖는 대칭 변환 아래서 불변임. "게이지"라는 용어는 보통 영어에서 "측도"를 의미하나, 주로 역사적 근거에서 쓰임.

**고유운동**(固有運動, proper motion)

시선에 직각으로 일어나는 운동으로 말미암아 생기는 천체들의 하늘에서의 위치 이동. 보통 1년당 호초(弧秒, seconds of arc)로 측정됨.

광년(光年, light year)
빛이 1년 동안에 지날 거리로서 9.4605조 km와 같음.

광속(光速, speed of light)
특수 상대성이론의 기본 상수이며 매초 299,729km와 같음. $c$로 표시됨. 광자, 뉴트리노, 또는 중력자(graviton) 같이 0의 질량을 갖는 어떤 입자도 광속으로 움직임. 물질 입자는 그의 에너지가 정지에너지 $mc^2$에 비해 아주 커질 때 광속에 접근함.

광자(光子, photon)
복사의 양자론에서 한 광파에 결부된 입자. $\gamma$로 표시됨.

균일성(均一性, homogeneity)
가정된 우주의 성질로서, 일정한 시점에서 우주가 모든 전형적인 관측자들에게 그들이 어디에 위치해 있든 간에 똑같아 보인다는 것.

뉴턴의 상수(萬有引力常數, Newton's constant)
중력에 관한 뉴턴과 아인슈타인 이론의 기본 상수. G로 표시됨. 두 물체 사이의 인력은 G 곱하기 질량들의 곱 나누기 이들 사이 거리의 제곱임. G의 값은 $6.67 \times 10^{-8} cm^3/gm \cdot sec$와 같음.

뉴트리노(中性微子, neutrino)
전기적으로 중성인 무질량의 입자이며 단지 약한 상호작용과 중력적 상호작용만을 함. $\nu$로 표시됨. 전자형 뉴트리노($\nu_e$)와 뮤온형 뉴트리노($\nu_\mu$)로 알려진 두 가지 아류가 있음.

도플러 효과(—效果, Doppler effect)
근원과 수신자의 상대 운동으로 야기된 어떤 신호의 진동수 변화.

등방성(等方性, isotropy)
전형적인 관측자에게 우주가 모든 방향으로 똑같아 보인다고 가정된 우주의 성질.

레일리-진스 법칙(—法則, Rayleigh-Jeans Law)
플랑크 분포의 장파장 극한 영역에 유효한 에너지 밀도(단위 파장 구간당)와 파장 사이의 간단한 관계. 이 극한에서의 에너지 밀도는 파장의 역 4승에 비례함.

렙톤(輕粒子, lepton)
전자, 뮤온, 뉴트리노를 포함하는 강한 상호작용에 가담하지 않는 한 부류의 입자들. 렙톤수(lepton number)는 한계에 있는 렙톤의 총수에서 반렙톤의 총수를 뺀 것임.

로 중간자(—中間子, rho-meson)
극히 불안정한 하드론 중의 하나. 평균수명 $4.4 \times 10^{-24}$초를 가지고 두 개의 파이 중간자로 붕괴함.

메시에 번호(—番號, Messier numbers)
샤를 메시에의 수록에 의한 여러 가지 성운과 성단의 카탈로그 번호. 통상 M… 로 약기되며, 안드로메다 성운은 M31임.

**문턱온도**(—溫度, threshold temperature)
어느 일정한 유형의 입자가 흑체복사에 의해 풍부하게 생산될 온도의 하한. 입자의 질량과 광속의 제곱을 곱한 것을 볼츠만 상수로 나눈 것과 같음.

**뮤온**(muon)
음전하를 가진 불안정한 소립자. 전자와 비슷하나 전자보다 207배 더 무거움. $\mu$로 표시됨. 때로는 뮤-중간자(mu-meson)라 불리나 진짜 중간자들처럼 강한 상호작용을 하지 않음.

**미세 구조 상수**(微細構造常數, fine structure constant)
전자 전하의 제곱을 플랑크 상수와 광속의 곱으로 나눈 것으로 정의된 원자물리 및 양자전기역학(quantum electrodynamics)의 기본상수.

**밀도**(密度, density)
어떤 양의 단위 부피당 크기. 질량 밀도(mass density)는 단위 부피당 질량인데, 이것을 가끔 그냥 "밀도"라고도 함. 에너지 밀도(energy density)는 단위 부피당 에너지이며, 수밀도(number density) 또는 입자 밀도(particle density)는 단위 부피당 입자의 수를 말함.

**바리온**(重粒子, baryons)
중성자, 양성자, 그리고 하이퍼론으로 알려진 불안정한 하드론을 포함하는 강한 상호작용을 하는 한 부류의 입자들. 바리온수(baryon number)는 한계에 존재하는 총 바리온수에서 총 반바리온수를 뺀 것임.

**반입자**(反粒子, antiparticles)

질량과 스핀은 반대의 입자와 같으나 그의 전하, 바리온수, 렙톤수 등에 있어서는 반대의 부호를 갖는 입자. 모든 입자에는 그것에 대응되는 반입자가 있지만, 예외로 광자와 파이 중간자 같은 순수하게 중성인 입자는 그 자신의 반입자임. 반뉴트리노는 뉴트리노의 반입자, 반양성자는 양성자의 반입자임. 반물질은 반양성자, 반중성자, 그리고 반전자 혹은 양전자로 되어있음.

보존 법칙(保存法則, conservation law)
  어떤 양의 전체 값이 어떠한 반응에도 변하지 않는다는 법칙

볼츠만 상수(—常數, Boltzmann's constant)
  온도 척도와 에너지 단위를 관련시키는 통계역학의 기본 상수. 보통 $k$ 또는 $k_B$로 표시됨. $1.3806 \times 10^{-16}$에르그/K 혹은 0.00008617전자볼트/K임.

"빅뱅" 우주론(大爆發宇宙論, big-bang cosmology)
  과거 유한한 시간에 엄청난 밀도와 압력의 상태에서 우주의 팽창이 시작되었다는 이론(설)

상전이(相轉移, phase transition)
  계의 한 상태에서 다른 상태로의 갑작스런 전이. 보통은 대칭에 있어 변화를 동반함. 예로서 융해(melting), 비등(boiling), 그리고 보통 전도도에서 초전도도(superconductivity)로의 전이 등이 있음.

성운(星雲, nebulae)
  구름 같은 외양을 가지고 퍼져있는 천문학적 대상물들. 어떤 성운은 은하이고 또 다른 성운은 우리은하 안에 있는 실제로 먼지와 기체의 구름임.

세페이드 변광성(—變光星, Cepheid variables)
　절대밝기, 변광주기, 그리고 색깔 사이에 잘 정해진 관계를 갖고 있는 밝은 변광성들. 왕(Cepheus)자리에 있는 델타 세페이($\delta$ Cephei) 별에 따라 명명됨. 비교적 가까운 은하들의 거리 표시물로서 사용됨.

수산기 이온(水酸基—, hydroxylion)
　$OH^-$로서 하나의 산소 원자, 하나의 수소 원자, 그리고 하나의 여분의 전자로 형성되어 있음.

수소(水素, hydrogen)
　가장 가볍고 가장 풍부한 화학 원소. 보통 수소의 핵은 단 한 개의 양성자로 되어있음. 또한 두 가지의 더 무거운 동위원소 중수소(deuterium)와 삼중수소(tritium)가 있음. 어떤 종류의 수소 원자도 수소핵과 단일 전자로 구성되어 있고, 양(陽)의 수소 이온(hydrogen ions)에는 전자가 없음.

스테판-볼츠만 법칙(—法則, Stefan-Boltzmann law)
　흑체복사에서 에너지 밀도와 온도의 4승 사이의 비례 관계

스핀(spin)
　입자의 회전 상태를 기술하는 소립자의 기본적 성질. 양자역학의 법칙에 따르면 스핀은 정수(整數) 또는 반정수×플랑크 상수와 같이 어떤 특별한 값들만 취할 수 있음.

약한 상호작용(弱相互作用, weak interactions)
　소립자 상호작용의 네 가지 일반적인 부류 중의 하나. 보통 에너지에서 약한 상호작용은 전자기적, 또는 강한 상호작용보다 훨씬 약하나 중력보다는 훨씬 강

함. 약한 상호작용은 중성자와 뮤온 같은 입자의 비교적 느린 붕괴의 원인이 되고, 또 뉴트리노를 동반하는 모든 상호작용에 원인이 됨. 이제는 약한, 전자기적, 그리고 아마 강한 상호작용은 하나의 단순한 근본적인 통일 게이지이론의 표현이라고 널리 믿어짐.

양자역학(量子力學, quantum mechanics)
1920년대에 고전역학을 대체해서 발전된 기본적인 물리 이론. 양자역학에서 파동과 입자는 동일한 기본적 실재(實在)의 두 가지 모습임. 주어진 파동에 결부된 입자는 그의 양자(quantum)임. 또한 원자, 분자와 같은 구속된 계의 상태는 어떤 특정한 에너지 준위(energy level)만을 점유하고, 이때 에너지는 양자화(quantized)되었다고 함.

양전자(陽電子, positron)
전자의 반입자로서 양으로 대전되어 있음. $e^+$로 표시됨.

에르그(erg)
센티미터-그램-초 단위계로 표시된 에너지의 단위. 매초 1cm의 속력으로 움직이는 질량 1g의 운동에너지는 반 에르그임.

엔트로피(entropy)
물리적 계의 무질서의 정도와 관련된 통계역학의 기본량. 엔트로피는 열평형이 계속해서 유지되는 어떤 계에서도 보존됨. 열역학 제2법칙은 어떠한 반응에서도 전체 엔트로피는 결코 감소하지 않는다는 것을 말함.

열평형(熱平衡, thermal equilibrium)
입자들이 어떤 주어진 속도, 스핀 등의 범위에 들어가는 비율이 이 범위를 벗어나는 비율을 정확히 상쇄하는 상태. 충분히 오랜 시간 동안 교란하지 않고 놓아두면 어떤 물리적 계도 한 열평형의 상태에 도달할 것임.

우주 상수(宇宙常數, cosmological constant)
 아인슈타인이 1917년에 그의 중력장 방정식에 도입한 한 항. 이 항은 아주 먼 거리에서는 반발을 일으키고 정지적 우주에서는 중력에 의한 인력을 상쇄하기 위해 필요했음. 오늘날에는 이 우주 상수를 가정할 아무런 근거도 없음.

우주선(宇宙線, cosmic rays)
 외계로부터 지구의 대기를 침투해 오는 고에너지 입자.

우주 원리(宇宙原理, Cosmological Principles)
 우주가 등방적이고 균일하다는 가정.

은하(銀河, galaxy)
 $10^{12}$까지의 태양 질량을 포함하고 있는 중력적으로 구속된 별의 대집단. 우리 은하는 때때로 "은하수"라 불림. 은하들은 일반적으로 타원형, 나선형, 막대형 나선형, 또는 불규칙형 등 그 모양에 따라 분류됨.

은하수(銀河水, Milky Way)
 우리은하의 평면을 특징짓는 별띠(星帶)의 옛 이름. 때때로 우리은하(The Galaxy) 자체의 이름으로도 사용됨.

일반 상대성이론(一般相對論, General Relativity)
 1906년부터 1916년까지 아인슈타인에 의해 발전된 중력의 한 이론. 이 이론은 본질적으로 중력이 시공 연속체(spacetime continuum)의 곡률의 효과임을 말함.

임계 밀도(臨界密度, critical density)
  우주의 팽창이 마침내 끝나고 수축이 뒤따르게 되려면 현재 우주의 밀도가 가져야 할 최솟값. 우주의 질량이 이 임계 밀도를 초과하면 우주는 공간적으로 유한함.

임계 온도(臨界溫度, critical temperature)
  상전이(phase transition)가 일어나는 온도.

자외선 복사(紫外線輻射, ultraviolet radiation)
  가시광선과 X선 중간에 위치하며 파장 영역 10옹스트롬과 2,000옹스트롬 사이($10^{-7}$cm에서 $2 \times 10^{-5}$cm까지)의 전자기파.

재결합(再結合, recombination)
  원자핵과 전자들이 보통 원자로 결합하는 것. 우주론에서 흔히 재결합은 특히 3,000K 근방의 온도에서 헬륨과 수소 원자의 생성을 말하는 데 사용됨.

적색편이(赤色偏移, red shift)
  멀어져 가는 근원(source)에 대한 도플러 효과에 의해 생기는 스펙트럼선의 장파장 쪽으로의 이동. 우주론에서는 먼 천체들의 스펙트럼선들이 장파장 쪽으로 이동하는 관측을 말함. 파장의 상대적 증가로서 나타내면 z로 표기됨.

적외선 복사(赤外線輻射, infrared radiation)
  약 0.0001cm와 0.01cm(10,000~100만 옹스트롬) 사이의 파장을 가진 전자기파로서 가시광선과 초단파 중간에 위치함. 실온에서 물체의 복사는 주로 적외선 영역에서 일어남.

전자(電子, electron)
가장 가벼운 질량을 가진 소립자. 원자와 분자의 모든 화학적 성질은 전자들 상호 간, 그리고 전자와 핵의 전기적인 상호작용에 의해 결정됨.

전자볼트(電子—, electron volt)
전자가 전위차 1볼트를 통과해서 얻는 에너지와 같은 양의 에너지 단위로서 원자물리에서 편리하게 쓰임. $1.60219 \times 10^{-12}$ 에르그임. 기호 eV.

전형적인 은하(典型的銀河, typical galaxies)
여기서는 특유의 속도를 갖지 않고 단지 우주의 팽창에 의해서 일어나는 물질의 일반적 유동과 함께 움직이는 은하들을 말하기 위해 사용됨. 똑같은 의미로 여기에서 전형적인 입자 또는 전형적인 관측자라는 말도 쓰임.

절대밝기(絶對光度, absolute luminosity)
어떤 천체에 의해 단위 시간당 방출되는 총 에너지.

점근적 자유(漸近的自由, asymptotic freedom)
힘이 짧은 거리에서 점점 약해진다는 강한 상호작용에 관한 어떤 장이론의 성질

정상상태론(定常狀態論, steady-state theory)
우주의 평균 성질들이 결코 시간과 함께 변하지 않는다는 본디, 굴드, 호일에 의해 발전된 우주론. 우주가 팽창함에 따라 밀도를 상수로 유지하기 위해서는 끊임없이 새로운 물질이 생성되어야 함.

정지 에너지(靜止—, rest energy)
　　정지해 있는 입자의 에너지로서 만약 입자의 전체 질량이 소멸될 수 있다면 방출될 것임. 아인슈타인의 공식 $E = mc^2$으로 주어짐.

준성적 물체(準星的物體, quasi-stellar objects)
　　별 모양과 아주 작은 각의 크기를 갖지만 커다란 적색편이를 보이는 천문학적 대상물의 한 부류. 때때로 퀘이서(quasars)라 불리는데, 이들이 강한 전파원일 때는 준성적 근원(quasistellar sources)이라고도 불림. 이들의 본질은 알려지지 않았음.

중간자(中間子, mesons)
　　파이 중간자, K 중간자, 로 중간자 등을 포함하는 0의 바리온수를 갖는 강한 상호작용을 하는 한 부류의 입자.

중력파(重力波, gravitational waves)
　　전자기장에서의 전자기파와 유사한 중력장에서의 파동. 중력파는 광파와 같은 속력인 매초 299,792km로 움직임. 중력파에 대해 아직 일반적으로 인정된 실험적인 확인은 없으나, 그의 존재는 일반 상대성이론에 의해 요구되며 크게 의문시 되지 않음. 중력 복사(gravitatational radiation)의 양자(量子)는 광자처럼 "중력자(重力子, graviton)"라고 불림.

중성자(中性子, neutron)
　　보통의 원자핵 안에서 양성자와 함께 나타나는 대전되지 않은 입자. $n$으로 표시됨.

중수소(重水素, deuterium)

수소의 무거운 동위원소, $H^2$. 듀테론(deuteron)이라 부르는 중수소의 핵은 양성자 하나와 중성자 하나로 되어 있음

지평(地平, horizon)
우주론에서, 그 너머로부터 오는 빛의 신호는 아직도 우리에게 도달하지 못했을 거리. 우주가 일정한 나이를 갖는다면 지평까지의 거리는 이 나이와 광속을 곱한 크기가 될 것임.

진동수(振動數, frequency)
어떤 파동의 마루가 일정한 점을 통과하는 시간적 율. 파동의 속력을 파장으로 나눈 것과 같음. 초당 사이클 또는 "헤르츠(Hertz)"로 측정됨.

진스 질량(—質量, Jeans mass)
중력에 의한 인력이 내부적 압력을 극복할 수 있어서 중력적으로 구속된 계를 만들 수 있는 최소질량. $M_J$로 표시됨.

청색편이(靑色偏移, blue shift)
접근하는 근원에 대한 도플러 효과에 의해서 생기는 스펙트럼선의 짧은 파장 쪽으로의 이동.

처녀자리 집단(—集團, Virgo cluster)
처녀자리에 있는 1,000개 이상의 은하의 집단, 이 은하단은 우리로부터 약 1,000km/sec의 속력으로 멀어져 가고 있으며 6,000만 광년의 거리에 있다고 믿어짐.

초단파 복사(超短波輻射, microwave radiation)

0.01cm와 10cm 사이의 파장을 갖는 전자기파로서 VHF(very-high-frequency) 전파 복사와 적외선 복사의 중간임. 수 도의 온도를 갖는 물체는 주로 이 초단파 대에서 복사함.

초신성(超新星, supernovas)
별의 중심부 외에 거의 모든 게 성간 공간으로 터져 나가는 엄청난 별의 폭발. 하나의 초신성은 며칠 동안에 태양이 10억 년간 복사할 에너지를 생산함. 우리 은하에서 관측된 마지막 초신성은 1604년에 케플러에 의해(그리고 한국과 중국의 궁중 천문학자들에 의해) 뱀주인자리(Ophiuchus) 별자리에서 관찰되었으나, 전파원 Cas A는 더 최근의 초신성에 의한 것으로 믿어짐.

최대온도(극대온도)(最大溫度, maximum temperature)
강한 상호작용에 관한 어떤 이론이 주장하는 온도에 대한 상한 값. 이 이론들에서는 2조 켈빈으로 추정됨.

켈빈(Kelvin)
섭씨 척도(Celcius scale)와 같은 온도 척도이나, 얼음이 녹는점을 0도로 갖는 대신 절대영도를 가짐. 1기압에서 얼음의 녹는점은 273.15K임.

쿼크(quarks)
모든 하드론을 구성하는 가상적인 기본 입자. 고립되어 관찰된 적은 없으며, 어떤 의미에서 그들은 실재하지만 결코 고립된 입자들로서 관찰될 수 없을 것이라는 가정에 이론적 근거가 있음.

트리튬(三重水素, tritium)
수소의 불안정한 무거운 동위원소 $H^3$. 삼중수소의 핵은 하나의 양성자와 두 개의 중성자로 구성되어 있음.

특성 팽창 시간(特性膨脹時間, characteristic expansion time)
  허블 상수의 역수. 대충 우주가 1%만큼 팽창하는 시간의 100배.

특수 상대성이론(特殊相對性理論, Special Relativity)
  1905년에 알베르트 아인슈타인이 내놓은 시간과 공간의 새로운 견해. 뉴턴역학에도 일련의 수학적 변환들(transformations)이 있어, 이 변환은 서로 다른 관측자들의 시-공 좌표들을 자연 법칙이 이들 관측자들에게 같아 보이도록 연관시킴. 그러나 특수 상대성이론에서 시공 변환은 관측자의 속도에 상관없이 광속을 불변이도록 하는 근본적인 성질을 가지고 있음. 광속에 가까운 속도를 갖는 입자들을 포함하는 어떤 계를 상대론적(relastivistic)이라 하며, 이들은 뉴턴역학보다는 특수 상대성이론의 법칙에 따라 취급되어야 함.

파섹(parsec)
  거리의 천문학적 단위. 시차(視差, 태양 주위로 지구의 1년간의 이동으로 인해 대상이 나타내는 위치 이동)가 1호초(弧抄)되는 대상의 거리로 정의됨. pc로 약기됨. $3.0856 \times 10^{13}$km, 혹은 3.2615광년과 같음. 천문학에서는 일반적으로 광년보다 더 많이 씀. 우주론의 전통적인 단위는 100만 파섹 또는 메가파섹이며 Mpc로 약기됨. 허블 상수는 보통 메가파섹당 매초 km의 단위로 주어짐.

파울리 배타 원리(—排他原理, Pauli exclusion principle)
  같은 유형의 어떤 두 입자도 정확히 동일한 양자 상태(quantum state)를 점유할 수 없다는 원리. 바리온과 렙톤은 이 원리를 따르나, 광자, 중간자는 그렇지 않음.

파이 중간자(—中間子, pi meson)

가장 작은 질량을 가진 하드론. 세 가지 아류가 있는데, 양으로 대전된 입자($\pi^+$), 음으로 대전된 반입자($\pi^-$)와 약간 더 가벼운 중성입자($\pi^0$)가 그것 임. 때때로 파이온(pion)이라 불림.

파인만 도표(―圖表, Feynman diagram)
소립자의 반응률에 대한 여러 가지 기여도를 상징하는 도표.

파장(波長, wavelength)
어떤 종류의 파동에서거나 파동의 마루들 사이의 거리. 전자기파에 대해서는 파장이 전기장 또는 자기장 벡터의 어떤 성분이 그의 극댓값들을 갖는 점들 사이의 거리로 정의될 수 있음. $\lambda$로 표기됨.

프리드만 모델(Friedmann model)
일반 상대성이론(우주 상수를 포함치 않은)과 우주 원리에 근거한 우주의 시공 구조에 관한 수학적 모델.

플랑크 상수(―常數, Planck's constant)
양자역학의 기본 상수. h로 쓰임. $6.625 \times 10^{-27}$ erg·sec와 같음. 플랑크의 상수는 1900년에 처음으로 흑체복사에 관한 플랑크의 이론에 도입됨. 그리고 나서 1905년, 아인슈타인의 광자의 이론에 나타났는데, 광자의 에너지는 광속과 플랑크의 상수를 곱한 것을 파장으로 나눈 것임. 오늘날은 플랑크의 상수를 $2\pi$로 나눈 것으로 정의되는 상수 h가 더 보편적으로 사용됨.

하드론(hadron)
강한 상호작용에 가담하는 모든 입자. 하드론은 파울리 배타 원리를 따르는 바리온(양성자, 중성자와 같은)과 그렇지 않은 중간자로 구분됨.

핵의 민주주의(核民主主義, nuclear democracy)
모든 하드론이 동등하게 기본적이라는 견해.

핵입자(核粒子, nuclear particles)
보통 원자의 핵 안에 있는 입자들로서 양성자, 중성자. 통상 핵자(nucleons)로 약칭됨.

허블 법칙(—法則, Hubble's law)
적당히 먼 은하들의 후퇴하는 속도와 그들의 거리 사이의 비례관계. 허블 상수는 이 관계에서 속도의 거리에 대한 비이고 H 또는 $H_0$로 표기됨.

헬륨(helium)
두 번째로 가볍고 또 두 번째로 풍부한 화학 원소. 두 개의 안정한 헬륨 동위원소가 있는데, $He^3$의 핵은 두 개의 양성자와 한 개의 중성자를 가지고 있으며, $He^4$의 핵은 두 개의 양성자와 두 개의 중성자를 포함하고 있음. 헬륨의 원자는 핵 밖으로 두 개의 전자를 포함하고 있음.

흑체복사(黑體輻射, blackbody radiation)
각 파장 영역에서, 완전한 흡수를 하는 가열된 물체로부터 방출된 복사와 동일한 에너지 밀도를 갖는 복사. 어떤 열평형의 상태에 있는 복사는 흑체복사임.

## 수학적 보충

여기에 실은 주석은 이 책 본문의 비수학적 설명에 밑받침이 되는 약간의 수학을 참조하기 원하는 독자를 위해 제공된다. 이 책 주부분의 논의를 따라가기 위해 이 주석을 공부할 필요는 없을 것이다.

## [주석 1] 도플러 효과(Doppler Effect)

파동의 마루들이 주기 $T$의 규칙적인 시간 간격으로 광원을 떠난다고 생각해 보자. 광원이 관측자로부터 속도 $V$로 멀어져 가고 있다면 계속적인 마루들 사이의 시간동안 광원은 $VT$의 거리를 움직인다. 이것은 파동의 마루가 광원으로부터 관측자에게 도달하는 데 필요한 시간을 $VT/c$의 양만큼 증가시키는데, 여기서 $c$는 광속도다. 관측자에게 있어 계속적인 파동 마루들의 도착 사이의 시간은

$$T' = T + \frac{VT}{c}$$

이다. 방출될 때 빛의 파장은

$$\lambda = cT$$

이고, 빛이 도착할 때 파장은

$$\lambda' = cT'$$

이다. 따라서 이 파장들의 비는

$$\lambda'/\lambda = T'/T = 1 + \frac{VT}{c}$$

이다. 광원이 관측자를 향해서 움직이고 있을 경우에도 $V$가 $-V$로 대체되는 것 이외에는 똑같은 식이 적용된다(이러한 고찰은 광파뿐 아니라 어떤 종류의 파동 신호에도 적용된다). 처녀자리 집단의 은하들은 우리은하로부터 매초 1,000km의 속력으로 멀어져 가고 있다. 따라서 처녀자리 집단으로부터의 어떤 스펙트럼선의 파장 $\lambda'$는 그의 정상적인 값보다 비

$$\lambda'/\lambda = 1 + \frac{1{,}000\text{km/sec}}{300{,}000\text{km/sec}} = 1.0033$$

만큼 더 길다.



## [주석 2] 임계 밀도(The Critical Density)

반지름 $R$인 은하의 구(球)를 생각하자(이 계산을 위해서 우리는 $R$이 은하단들 사이의 거리보다는 더 크고 우주를 전체로서 특징짓는 어떤 거리보다 더 작게 잡아야한다). 이 구의 질량은 그의 부피 곱하기 우주의 질량 밀도 $\rho$이다.

$$M = \frac{4\pi R^3}{3}\rho$$

뉴턴의 중력 이론은 이 구의 표면에서 어떤 전형적인 은하의 위치 에너지(potential energy)를

$$P.E. = -\frac{mMG}{R} = -\frac{4\pi mR^2\rho G}{3}$$

로 주는데, 여기에서 $m$은 은하의 질량, $G$는 뉴턴의 중력 상수

$$G = 6.67 \times 10^{-8} \text{cm}^3/\text{gm sec}^2$$

이다. 이 은하의 속도는 허블의 법칙에 의해서

$$V = HR$$

로 주어지는데, 여기서 $H$는 허블 상수이다. 따라서 은하의 운동 에너지(kinetic energy)는

$$K.E. = \frac{1}{2}mV^2 = \frac{1}{2}mH^2R^2$$

로 주어진다. 은하의 전체 에너지는 운동 에너지와 위치 에너지의 합이다.

$$E = P.E. + K.E. = mR^2\left[\frac{1}{2}H^2 - \frac{4}{3}\pi\rho G\right]$$

이 양은 우주가 팽창할 때 상수로 남아야 한다.

$E$가 부(負)이면 은하는 결코 무한으로 이탈할 수 없다. 왜냐하면 아주 먼 거리에서 위치 에너지는 무시할 정도로 작아지며, 이 경우에 전체 에너지는 바로 운동 에너지가 되는데, 이것은 항상 정(正)이기 때문이다. 반면에 $E$가 정이면 은하는 여분의 운동에너지를 가지고 무한으로 이탈할 수 있다. 이렇게 해서 은하가 바로 겨우 이탈 속도를 갖기 위한 조건은 $E$가 0이 되는 것이고

$$\frac{1}{2}H^2 = \frac{4}{3}\pi\rho G$$

로 주어진다. 바꾸어 말해서 밀도는

$$\rho_c = \frac{3H^2}{8\pi G}$$

의 값을 가져야 한다. 이것이 임계 밀도이다(이 결과가 여기서는 고전 물리의 원리를 사용해서 유도되었지만, 실제로 이 결과는 $\rho$가 전체 에너지 밀도 나누기 $c^2$으로 해석된다면 우주의 내용물이 충분히 상대론적일 경우에도 유효하다).

예를 들어 $H$가 현재 일반적으로 인정된 값 100만 광년당 매초 15km라면, 1광년이 $9.46 \times 10^{12}$km임을 상기할 때

$$\rho_c = \frac{3}{8\pi(6.67 \times 10^{-8}\text{cm}^3/\text{gm sec}^2)}\left(\frac{5\text{km/sec}/10^6 \text{lt yrs}}{9.46 \times 10^{12}\text{km/lt yr}}\right)^2$$

$$= 4.5 \times 10^{-30} \text{gm/cm}^3$$

을 얻는다.

1g은 6.02×10²³ 핵입자를 포함한다. 현재의 임계 밀도에 대한 이 값은 cm³당 약 2.7×10⁻⁶ 핵입자 혹은 리터당 0.0027입자에 해당한다.

## [주석 3] 팽창시간 척도(Expansion Time Scales)

이제 우주의 매개변수들(parameters)이 시간에 따라 어떻게 변하는가를 생각해 보자. 한 시점 $t$에서 질량 $m$인 한 전형적인 은하가 어떤 임의로 선택한, 이를테면 우리은하 같은 중심 은하로부터 $R(t)$의 거리에 있다고 생각하자. 우리는 지난 주석에서 이 은하의 전체(운동 및 위치) 에너지가

$$E = mR^2(t) = \left[\frac{1}{2}H^2(t) - \frac{4}{3}\pi\rho(t)G\right]$$

임을 알았는데, 여기서 $H(t)$와 $\rho(t)$는 시점 $t$에서 허블 "상수"의 값과 우주 질량 밀도의 값이다. 이것은 진짜 상수이어야 한다. 그러나 우리는 아래에서 $\rho(t)$가 $R(t) \to 0$일 때 적어도 $1/R^3(t)$처럼 빨리 커진다는 것을 알게 될 것이다. 따라서 에너지 $E$를 상수로 유지하기 위해서 괄호 안의 두 항은 거의 상쇄되어야 함으로 $R(t) \to 0$에 대해 우리는

$$\frac{1}{2}H^2(t) \to \frac{4}{3}\pi\rho(t)G$$

를 얻는다. 특성팽창시간은 바로 허블 상수의 역수이다.

$$t_{\exp}(t) \equiv \frac{1}{H(t)} = \sqrt{\frac{3}{8\pi\rho(t)G}}$$

예를 들어 5장 첫 화면의 시점에서 질량 밀도는 $cm^3$당 38억g이었다. 따라서 당시에 팽창 시간은

$$t_{\exp} = \sqrt{\frac{3}{8\pi(3.8\times10^9 \mathrm{gm/cm^3})(6.67\times10^{-8}\mathrm{cm^3/gm\ sec^2})}}$$

$$= 0.022\ \mathrm{seconds}$$

이었다.

그러면 $\rho(t)$는 $R(t)$에 대해서는 어떻게 변하는가? 질량 밀도가 핵입자들의 질량에 의해 결정된다면(물질지배 시대), 반지름 $R(t)$의 구 내부의 전 질량은 그 구 내부의 핵입자 수에 비례하고, 따라서 상수로 남아 있어야 한다.

$$\frac{4\pi}{3} = \rho(t)R(t)^3 = \mathrm{constant}$$

따라서 $\rho(t)$는 $R(t)^3$에 반비례한다.

$$\rho(t) \propto 1/R(t)^3$$

기호 $\propto$은 "…에 비례한다"라는 뜻이다. 반면에 질량 밀도가 복사 에너지와 등가인 질량에 의해 결정된다면(복사지배 시대) $\rho(t)$는 온도의 4승에 비례한다. 그러나 온도는 $1/R(t)$처럼 변하므로 $\rho(t)$는 $R(t)^4$에 반비례한다.

$$\rho(t) \propto 1/R(t)^4$$

물질지배 시대와 복사지배 시대를 동시에 취급하기 위해 우리는 이 결과들을 다음의 형태로 쓸 수 있다.

$$\rho(t) \propto [1/R(t)]^n$$

여기에서

$$n = \begin{cases} 3 & \text{물질지배 시대} \\ 4 & \text{복사지배 시대} \end{cases}$$

여기서 $\rho(t)$는 $R(t) \to 0$에 대해 적어도 $1/R(t)^3$처럼 빨리 불어남에 유의하라. 이것이 서두에 약속했던 증명이다.

허블상수는 $\sqrt{\rho}$에 비례하므로

$$H(t) \propto [1/R(t)]^{n/2}$$

이다. 이에 따라 전형적인 은하의 속도는

$$V(t) = H(t)R(t) \propto [R(t)]^{1-n/2}$$

이다. 초보적 미분법의 결과로서 우리는 속도가 거리의 멱(power)에 비례하면, 한 점으로부터 다른 한 점에 도달하는 데 필요한 시간은 거리 대 속도의 비 차이에 비례하는 것을 안다. $V$가 $R^{1-n/2}$에 비례함을 고려하면, 이 관계식은

$$t_1 - t_2 = \frac{2}{n}\left[\frac{R(t_1)}{V(t_1)} - \frac{R(t_2)}{V(t_2)}\right]$$

혹은

$$t_1 - t_2 = \frac{2}{n}\left[\frac{1}{H(t_1)} - \frac{1}{H(t_2)}\right]$$

이 된다.

$H(t)$는 $\rho(t)$로 표시될 수 있고 다음 식이 얻어진다.

$$t_1 - t_2 = \frac{2}{n}\sqrt{\frac{3}{8\pi G}}\left[\frac{1}{\sqrt{\rho(t_1)}} - \frac{1}{\sqrt{\rho(t_2)}}\right]$$

이렇게 $n$의 값에 상관없이 경과된 시간은 밀도의 반제곱근의 차에 비례한다.

예를 들어 전자와 양전자들의 소멸 후 전 복사지배 시대 동안에 에너지 밀도는

$$\rho = 1.22 \times 10^{-35}[T(K)]^4 \text{gm/cm}^3$$

으로 주어진다(238페이지 수학적 주석 6 참조). 또 우리는 여기에서 $n = 4$임을 안다. 따라서 우주가 1억 도로부터 1,000만 도로 식어지는 데 요하는 시간은

$$t = \frac{1}{2}\sqrt{\frac{3}{8\pi(6.67 \times 10^{-8} \text{cm}^3/\text{gm sec})}}$$

$$\times \left[\frac{1}{\sqrt{1.22 \times 10^{-35} \times 10^{28} \text{gm/cm}^3}}\right.$$

$$\left. - \frac{1}{\sqrt{1.22 \times 10^{-35} \times 10^{32} \text{gm/cm}^3}}\right]$$

$$= 1.9 \times 10^6 \text{ sec} = 0.06 \text{ years}$$

이었다.

우리의 일반적인 결과는 밀도가 $\rho$보다 훨씬 더 큰 어떤 값에서 $\rho$값으로 떨어지기 위해 소요되는 시간은

$$t = \frac{2}{n}\sqrt{\frac{3}{8\pi G\rho}} = \begin{cases} 1/2 t_{exp} & \text{복사지배 시대} \\ 2/3 t_{exp} & \text{물질지배 시대} \end{cases}$$

라고 말함으로써 더 간단하게 표현될 수 있다[만약 $\rho(t_2) \gg \rho(t_1)$이라면, 우리는 $t_1 - t_2$에 대한 우리의 공식에서 두 번째 항을 무시할 수 있다]. 예를 들어 3,000K에서 광자와 뉴트리노의 질량 밀도는

$\rho = 1.22 \times 10^{-35} [3,000]^4 \text{gm/cm}^3 = 9.9 \times 10^{-22} \text{gm/cm}^3$

이었다. 이것은 $10^8$K(혹은 $10^7$K, 혹은 $10^6$K)에서의 밀도보다 훨씬 작기 때문에 우주가 아주 높은 초기의 온도로부터 3,000K까지 식기 위해 소요된 시간은($n=4$로 놓고) 간단히

$$\frac{1}{2}\sqrt{\frac{3}{8\pi (6.67 \times 10^{-8} \text{cm}^3/\text{gm sec})(9.9 \times 10^{-22} \text{gm/cm}^3)}}$$

$= 2.1 \times 10^{13} \text{sec} = 680,000 \text{ years}$

로 계산될 수 있다.

우리는 우주의 밀도가 훨씬 더 높은 값들로부터 $\rho$ 값으로 떨어지는 데 소요되는 시간이 $1/\sqrt{\rho}$에 비례하며, $\rho$는 $1/R^n$에 비례함을 보였다. 따라서 이 시간은 $R^{n/2}$에 비례하며, 혹은 다른 표현으로

$$R \propto t^{2/n} = \begin{cases} t^{1/2} & \text{복사지배 시대} \\ t^{2/3} & \text{물질지배 시대} \end{cases}$$

이다. 이것은 운동 에너지와 위치 에너지가 다 같이 감소해서 그들의 합인 전체 에너지에 비교될 정도로 되기 시작할 때까지 유효하다.

2장에 이야기한 것처럼 시초 후 어느 시점 $t$에서 $ct$의 거리에 그 너머로부터는 어떠한 정보도 아직 우리에게 도달할 수 없는 지평이 있다. 이제 우리는 $R(t)$가 $t \to 0$일 때 지평까지의 거리보다 덜 빠르게 0이 되는 것을 알았기 때문에, 충분히 이른 시기에 어느 주어진 "전형적" 입자는 지평 너머에 있음을 알 수 있다.

## [주석 4] 흑체복사(Black-body Radiation)

플랑크 분포는 단위 부피당 $\lambda$에서 $\lambda + d\lambda$까지의 좁은 파장 영역에서 흑체복사의 에너지 $du$를 다음과 같이 준다.

$$du = \frac{8\pi hc}{\lambda^5} d\lambda \Big/ [e^{\left(\frac{hc}{kT\lambda}\right)} - 1]$$

여기서 $T$는 온도, $k$는 볼츠만 상수($1.38 \times 10^{-16}$ erg/K), $c$는 광속(299,729km/sec), $e$는 수치 상수 2.718…이고, $h$는 플랑크 상수($6.625 \times 10^{-27}$ erg·sec)인데 막스 플랑크가 처음으로 이 공식에 도입했다.

긴 파장에 대해 플랑크의 공식의 분모는

$$e^{\left(\frac{hc}{kT\lambda}\right)} - 1 \simeq \left(\frac{hc}{kT\lambda}\right)$$

처럼 근사될 수 있다. 이래서 이 파장 영역에서 플랑크 분포는

$$du = \frac{8\pi kT}{\lambda^4} d\lambda$$

가 된다. 이것이 **레일리-진스 공식**이다. 가령 이 공식이 임의로 작은 파장에까지도 성립한다면 $du/d\lambda$는 $\lambda \rightarrow 0$에 대해 무한대가 되고, 흑체복사의 전체 에너지 밀도는 무한대가 될 것이다.

다행히 $du$에 대한 플랑크 공식은 파장

$$\lambda = .2014052 hc/kT$$

에서 극대치에 도달하고 그 다음에는 파장이 감소함에 따라 가파르게 떨어진다. 흑체복사의 전체 에너지 밀도는 적분

$$u = \int_0^\infty \frac{8\pi hc}{\lambda^5} d\lambda \bigg/ \left(e^{\left(\frac{hc}{kT\lambda}\right)} - 1\right)$$

이다. 이런 종류의 적분은 표준 적분표에서 찾을 수 있고, 결과는

$$u = \frac{8\pi^5 (kT)^4}{15(hc)^3} = 7.56464 \times 10^{-15} [T(K)]^4 \text{erg/cm}^3$$

이다. 이것이 **스테판-볼츠만 법칙**이다.

우리는 플랑크 분포를 빛의 양자로서 혹은 광자로서 쉽게 해석할 수 있다. 각 광자는 공식

$$E = hc/\lambda$$

로 주어지는 에너지를 갖는다. 따라서 $\lambda$부터 $\lambda + d\lambda$까지의 좁은 파장 영역에서 흑체복사에 있는 단위 부피당 광자의 수 $dN$은 다음과 같다.

$$dN = \frac{du}{hc/\lambda} = \frac{8\pi}{\lambda^4} d\lambda \Big/ [e^{\left(\frac{hc}{kT\lambda}\right)} - 1]$$

그러면 단위 부피당 총 광자수는

$$N = \int_0^\infty dN = 60.42198 \left(\frac{kT}{hc}\right)^3 = 20.28 [T(K)]^3 \text{ photons/cm}^3$$

이고, 평균 에너지는

$$E_{average} = u/N = 3.73 \times 10^{-16} [T(K)] \text{ergs}$$

이다.

이제 팽창하는 우주 안에서 흑체복사에 어떤 일이 일어나는가를 생각해 보자. 우주의 크기가 인수 $f$ 곱만큼 변한다고 생각하자. 예컨대 우주의 크기가 배가 되면 $f = 2$이다. 우리가 2장에서 본 바와 같이 파장은 우주의 크기에 비례해서 새 값

$$\lambda' = f\lambda$$

로 변할 것이다. 팽창 후 새 파장 영역 $\lambda'$부터 $\lambda' + d\lambda'$까지에서 에너지 밀도 $du'$는 옛 파장 영역 $\lambda$부터 $\lambda + d\lambda$까지에서 원래의 에너지 밀도 $du$보다 다음 두 가지 이유 때문에 더 작을 것이다.

1. 어떠한 새로운 광자도 생성되거나 파괴되지 않는 한, 우주의 부피

는 인수 $f^3$곱만큼 증가했으므로 단위 부피당 광자의 수는 인수 $1/f^3$곱만큼 감소했다.

2. 각 광자의 에너지는 그의 파장에 반비례하므로, 인수 $1/f$곱만큼 감소된다. 따라서 에너지 밀도는 $1/f^3$ 곱하기 $1/f$ 혹은 $1/f^4$의 인수만큼 감소된다. 곧

$$du' = \frac{1}{f^4}du = \frac{8\pi hc}{\lambda^5 f^4}d\lambda \Big/ [e^{(\frac{hc}{kT\lambda})} - 1]$$

이 공식을 새 파장 $\lambda'$로 다시 쓰면

$$du' = \frac{8\pi hc}{\lambda'^5}d\lambda' \Big/ [e^{(\frac{hcf}{kT\lambda'})} - 1]$$

이 된다. 그러나 이것은 $T$가 새로운 온도

$$T' = T/f$$

로 대체된 것밖에는 $\lambda$와 $d\lambda$로 표시한 $du$에 대한 구공식과 정확히 같다. 이렇게 해서 우리는 자유로이 팽창하는 흑체복사는 여전히 플랑크 공식으로 기술되지만, 팽창의 척도에 반비례해서 떨어진 온도를 갖는다고 결론한다.

## [주석 5] 진스 질량(The Jeans Mass)

한 물질의 덩어리가 중력적으로 구속된 계를 형성하기 위해서는 그의

중력 포텐셜 에너지가 내부 열에너지를 능가해야 한다. 반지름 $r$과 질량 $M$인 덩어리의 중력 포텐셜 에너지(potential energy)는 대략

$$P.E. \sim -\frac{GM^2}{r}$$

의 크기이다. 단위 부피당 내부 에너지(internal energy)는 압력 $p$에 비례하고 따라서 총 내부에너지는

$$I.E. \approx pr^3$$

의 크기이다. 따라서 중력에 의한 덩어리 형성의 조건은

$$\frac{GM^2}{r} \gg pr^3$$

라고 할 수 있다. 그런데 주어진 밀도 $\rho$에 대해 우리는 관계식

$$M = \frac{4\pi}{3}\rho r^3$$

을 통해서 $r$을 $M$으로 표시할 수 있다. 따라서 중력에 의한 덩어리 형성의 조건은

$$GM^2 \gg p(M/\rho)^{4/3}$$

으로 쓸 수 있고, 또는 바꾸어 말해서

$$M = M_J$$

인데, $M_J$는 (별로 중요하지 않은 수치 인수는 다르지만) **진스 질량**이라고 알려졌다.

$$M_J = \frac{p^{3/2}}{G^{3/2}\rho^2}$$

예를 들어 수소의 재결합 직전에 질량 밀도는 $9.9 \times 10^{-22}$gm/cm³(228페이지 수학적 주석 3 참조)이었고 압력은

$$p \simeq \frac{1}{3}c^2\rho = 0.3 \text{gm/cm sec}^2$$

이었다. 따라서 진스 질량은

$$M_J = \left(\frac{0.3 \text{gm/cm sec}^2}{6.67 \times 10^{-8} \text{cm}^3/\text{gm sec}^2}\right)^{3/2} \left(\frac{1}{9.9 \times 10^{-22} \text{gm/cm}^3}\right)^2$$
$$= 9.7 \times 10^{51} \text{gm} = 5 \times 10^{18} M_\odot$$

이었는데, $M_\odot$은 1태양 질량이다(비교컨대 우리은하의 질량은 약 $10^{11} M_\odot$이다). 재결합 후 압력은 $10^9$의 인수만큼 떨어졌고, 따라서 진스 질량은

$$M_J = (10^{-9})^{3/2} \times 5 \times 10^{18} M_\odot = 1.6 \times 10^5 M_\odot$$

이 되었다.

이것이 대충 우리은하 안의 큰 구상성단의 질량이라는 사실은 흥미롭다.

## [주석 6] 뉴트리노 온도와 밀도(Neutrino Temperature and Density)

열평형이 유지되는 한, "엔트로피"라는 양의 전체 값은 고정된 채 변치 않는다. 우리의 목적을 위해서는 단위 부피당 엔트로피 S는 온도 $T$에서

다음과 같이 적당한 근사로 주어진다.

$$S \propto N_T T^3$$

여기서 $N_T$는 $T$보다 낮은 문턱온도를 갖는, 열평형에 있는 유효 입자 종류수이다. 총 엔트로피를 상수로 유지하기 위해 S는 우주 크기의 역 3승에 비례해야 한다. 곧 $R$이 어떤 전형적인 입자들의 쌍 사이의 간격이라면

$$SR^3 \propto N_T T^3 R^3 = \text{constant}$$

이다. 전자와 양전자의 소멸 직전에(약 $5 \times 10^9 K$에서) 뉴트리노와 반뉴트리노는 이미 나머지 우주와의 열평형을 벗어났었다. 그래서 열평형에 있던 수많은 입자들은 전자, 양전자, 그리고 광자뿐이었다. 206페이지의 표 1을 참조하면 우리는 소멸 이전에 전체 유효 입자 종류수가

$$N_{\text{before}} = \frac{7}{2} + 2 = \frac{11}{2}$$

이었음을 알 수 있다.

반면에 네 번째 화면에서 전자와 양전자의 소멸 후에 열평형에 있었던 다수로 남은 입자들은 광자들뿐이었다. 이때 유효 입자 종류수는 단순히

$$N_{\text{after}} = 2$$

였다.

그러면 엔트로피 보존으로부터

$$\frac{11}{2}(TR)^3_{\text{before}} = 2(TR)^3_{\text{after}}$$

가 된다. 곧 전자와 양전자의 소멸에 의해 생산된 열은 양 $TR$을 인수

$$\frac{(TR)_{\text{after}}}{(TR)_{\text{before}}} = \left(\frac{11}{4}\right)^{1/3} = 1.401$$

만큼 증가시킨다.

전자와 양전자의 소멸 이전에 뉴트리노 온도 $T_\nu$는 광자 온도 $T$와 동일했다. 그러나 그 후부터 $T_\nu$는 단순히 $1/R$처럼 떨어졌다. 따라서 그 후의 모든 시간에 대해서 $T_\nu R$은 소멸 이전의 $TR$값과 같았다.

$$(T_\nu R)_{\text{after}} = (T_\nu R)_{\text{before}} = (TR)_{\text{before}}$$

따라서 우리는 소멸 과정이 끝난 후 광자 온도가 뉴트리노 온도보다 인수

$$(T/T_\nu)_{\text{after}} = \frac{(TR)_{\text{after}}}{(T_\nu R)_{\text{after}}} = \left(\frac{11}{4}\right)^{1/3} = 1.401$$

만큼 더 높았다고 결론한다.

열평형을 벗어나서도 뉴트리노와 반뉴트리노는 우주의 에너지 밀도에 중요한 기여를 한다. 뉴트리노와 반뉴트리노의 유효 입자 종류수는 유효 광자 종류수의 7/2 또는 7/4이다(광자에는 두 개의 스핀 상태가 있다). 반면에 뉴트리노 온도의 4승은 광자 온도의 4승보다 인수 $(4/11)^{4/3}$만큼 더 작다. 이렇게 해서 뉴트리노와 반뉴트리노 에너지 밀도의 광자 에너지 밀도에 대한 비는

$$\frac{u_\nu}{u_\gamma} = \frac{7}{4}\left(\frac{4}{11}\right)^{4/3} = 0.4542$$

이다.

스테판-볼츠만 법칙(3장 참조)은 광자 온도 $T$에서 광자 에너지 밀도가

$$u_\gamma = 7.5641 \times 10^{-15} \text{erg/cm}^3 \times [T(\text{K})]^4$$

임을 말해준다. 따라서 전자-양전자 소멸 후 전체 에너지 밀도는

$$u = u_\gamma + u_\gamma = 1.4542 u_\gamma = 1.100 \times 10^{-14} \text{erg/cm}^3 \times [T(\text{K})]^4$$

이다. 우리는 이것을 광속의 제곱으로 나눔으로써 등가 질량 밀도로 변환할 수 있고

$$\rho = u/c^2 = 1.22 \times 10^{-35} \text{gm/cm}^3 \times [T(\text{K})]^4$$

임을 안다.

# 참고문헌

## A. *Cosmology and General Relativity*

The following treatises provide an introduction to various aspects of cosmology, and to those parts of general relativity relevant to cosmology, on a level that is generally more technical than that of this book.

Bondi, H. Cosmology(Cambridge University Press, Cambridge, England, 1960). By now somewhat out of date, but contains interesting discussions of the Cosmological Principle, steady-state cosmology, Olber's paradox, and so on. Very readable.

Eddington, A. S. *The Mathematical Theory of Relativity*, 2nd ed. (Cambridge University Press, Cambridge, England, 1924). For many years the leading book on general relativity. Historically interesting early discussion of red shifts, de Sitter model, and so on.

Einstein, A., et al. *The Principle of Relativity* (Methuen and Co., Ltd., London, 1923; reprinted by Dover Publications, Inc., New York). Invaluable reprints of original papers on special and general relativity by

Einstein, Minkowski, and Weyl, in English translation. Includes reprint of Einstein's 1917 paper on cosmology.

Field, G. B.; Arp, H.; and Bahcall, J. N. *The Redshift Controversy* (W. A. Benjamin, Inc., Reading, Mass., 1973). A remarkable debate on the interpretation of red shifts in terms of a cosmological recession, plus useful reprints of original articles.

Hawking, S. W., and Ellis, G. F. R. *The Large Scale Structure of Space-Time* (Cambridge University Press, Cambridge, England, 1973). Rigorous mathematical treatment of the problem of singularities in cosmology and gravitational collapse.

Hoyle, Fred. *Astronomy and Cosmology—A Modem Course* (W. H. Freeman & Co., San Francisco, 1975). An elementary astronomy textbook, with more of an emphasis on cosmology than usual. Very little mathematics used.

Misner, C. W.; Thome, K. S.; and Wheeler, J. A. *Gravitation* (W. H. Freeman & Co., San Francisco, 1973). Up-to-date, comprehensive introduction to general relativity by three leading professionals. Some discussion of cosmology.

O'Hanian, Hans C. *Gravitation and Space Time* (Norton & Company, New York, 1976). A textbook on relativity and cosmology for undergraduates.

Peebles, P. J. E. *Physical Cosmology* (Princeton University Press, Princeton, 1971). Authoritative general introduction, with strong emphasis on observational background.

Sciama, D. W. *Modem Cosmology* (Cambridge University Press, Cambridge,

England, 1971). Very readable broad introduction to cosmology and other topics in astrophysics. Written at a level "intelligible to readers with only a modest knowledge of mathematics and physics," with equations held to a minimum.

Segal, I. E. *Mathematical Cosmology and Extragalactic Astronomy* (Academic Press, New York, 1976). For one example of a heterodox but thought-provoking view of modem cosmology.

Tolman, R. C. *Relativify, Thermodynamics, and Cosmology* (Clarendon Press, Oxford, 1934). For many years the standard treatise on cosmology.

Weinberg, Steven. *Gravitation and Cosmology: Principles and Applications of the General Theory of Relativity* (John Wiley & Sons, Inc., New York, 1972). A general introduction to the General Theory of Relativity. About one-third of the volume deals with cosmology. Modesty forbids further comment.

## *B. History of Modem Cosmology*

The following include both firsthand and secondary sources for the history of modern cosmology. Most of these books use little mathematics, but some assume a measure of familiarity with physics and astronomy.

Baade, W. *Evolution of Stars and Galaxies*. (Harvard University Press, Cambridge, Mass., 1968). Lectures given by Baade in 1958, edited from tape recordings by C. Payne-Gaposchkin. Highly personal account of the development of astronomy in this century, including the development of the extragalactic distance scale.

Dickson, F. P. *The Bowl of Night* (M.I.T. Press, Cambridge, Mass., 1968). Cosmology from Thales to Gamow. Contains facsimiles of original articles by de Cheseaux and Olbers, on the darkness of the night sky.

Gamow, George. *The Creation of the Universe* (Viking Press, New York, 1952). Not up to date but valuable as a statement of Gamow's point of view circa 1950. Written for the general public, with Gamow's usual charm.

Hubble, E. *The Realm of the Nebulae* (Yale University Press, New Haven, 1936; reprinted by Dover Publications, Inc., New York, 1958). Hubble's chssic account of the astronomical exploration of galaxies, including the discovery of the relation between red shift and distance. Originally delivered as the 1935 Silliman lectures at Yale.

Jones, Kenneth Glyn. *Messier Nebulae and Star Clusters* (American-Elsevier Publishing Co., New York, 1969). Historical notes on the Messier catalog and on the observations of the objects it contains.

Kant, Immanuel. *Universal Natural History and Theory of the Heavens*. Translated by W. Hasties(University of Michigan Press, Ann Arbor, 1969). Kant's famous work on the interpretation of the nebulae as galaxies like our own. Also includes a useful introduction by M. K. Munitz, and a contemporary account of Thomas Wright's theory of the Milky Way.

Koyré, Alexandre. *From the Closed World to the Infinite Universe* (Johns Hopkins Press, Baltimore, 1957; reprinted by Harper & Row, New York,

1957). Cosmology from Nicholas of Cusa to Newton. Contains interesting account of the Newton-Bentley correspondence concerning absolute space and the origin of stars, including useful excerpts.

North, J. D. *The Measure of the Universe* (Clarendon Press, Oxford, 1965). Cosmology from the nineteenth century to the 1940s. Very detailed account of the beginnings of relativistic cosmology.

Reines, F., ed. *Cosmology, Fusion, and Other Matters*: *George Gamow Memorial Volume* (Colorado Associated University Press, 1972). Valuable firsthand account by Penzias of the discovery of the microwave background, and by Alpher and Herman of the development of the "big bang" model of nucleosynthesis.

Schlipp, P. A., ed. *Albert Einstein*: *Philosopher-Scientist* (Library of Living Philosophers, Inc., 1951; reprinted by Harper & Row, New York, 1959). Volume 2 contains articles by Lemaitre on Einstein's introduction of the "cosmological constant," and by Infield on relativistic cosmology.

Shapley, H., ed. *Source Book in Astronomy 1900-1950* (Harvard University Press, Cambridge, Mass., 1960). Reprints of original articles on cosmology and other areas of astronomy, many unfortunately abridged.

## *C. Elementary Particle Physics*

There are as yet no books that deal on a nonmathematical level with most of the recent developments in elementary particle physics discussed in

Chapter VII. The following article should provide an introduction of sorts:

Weinberg, Steven, "Unified Theories of Elementary Particle Interaction," *Scientific American*, July 1974, pp. 50-59.

For a more comprehensive introduction to elementary particle physics that is soon to be published, see: Feinberg, G. *What is the World Made of? The Achievements of Twentieth Century Physics* (Garden City: Anchor Press/Doubleday, 1977).

For an introduction written for specialists, with references to the original literature, see either of the following:

Taylor, J. C. *Gauge Theories of Weak Interactions* (Cambridge University Press, Cambridge, England, 1976).
Weinberg, S. "Recent Progress in Gauge Theories of the Weak, Electromagnetic, and Strong Interactions," *Reviews of Modem Physics*, Vol. 46, pp. 255-277(1974).

## *D. Miscellaneous*

Allen, C. W. *Astrophysical Quantities*. 3rd ed. (The Athlone Press, London, 1973). A handy collection of astrophysical data and formulas.
Sandage, A. *The Hubble Atlas of Galaxies* (Carnegie Institute of Washington, Washington, D.C., 1961). A large number of beautiful photographs

of galaxies, assembled to illustrate the Hubble classification scheme.

Sturleson, Snorri. *The Younger Edda*, translated by R. B. Anderson (Scott, Foresman & Co., Chicago, 1901). For another view of the beginning and end of the universe.

## 역자 후기

인간이 사색하는 능력을 갖추게 된 이래 우주의 기원에 관한 상상은 아마 해보지 않은 사람이 없을 것이다. "우주의 시초가 왜 있었는가" 하는 의문은 그만두고라도 어떻게 생겼었나 하는 질문에도 인간이 해답을 얻기에는 너무 어렵고 벅찬 것이었기 때문에 추측도 다양했으며 많은 신비주의적 견해와 종교적 해석을 낳았다. 한편, 관측에 기초를 두고 이론을 세우며 또 관측이 이론의 진실성 여부를 판정하는 자연과학의 방법으로 이 문제를 해결하려는 노력은 일반적인 자연현상의 이해가 넓고 깊어짐에 따라 꾸준한 발전을 이룩해 왔지만, 항상 더 많은 관측이 요구되었고 이러한 요구는 금방 쉽게 충족되는 것이 아니었다.

그러나 1965년에 우주배경복사의 획기적인 발견이 있은 뒤, 오늘날 자연과학자들은 커다란 자신을 가지고 우주의 시초에 관해 이야기할 수 있게 되었다. 이 발견은 이미 한 세대 전에 G. 가모브 등이 제창한 "빅뱅(big bang)" 혹은 대폭발 우주론에 강력한 뒷받침을 주었다. 하나의 커다란 폭발과 함께 우주의 시작이 있었다는 전제 아래 그때의 상황, 곧 원자는 물론 원자핵까지도 지탱할 수 없었던 극히 높은 온도와 밀도의 상태에서 복사와 소립자들로만 되어 있었을 초기의 우주가 어떠한 자연의 법칙을 따르고 있었으며, 어떠한 모습을 하고 있었고, 또 어떻게 지금의 우주로 발전되었는가를 알아보려는 것은 자연과학자들의 당연한 욕구라 할 수 있을 것이다.

소립자물리학에 거대한 업적을 세우고 천체물리학에도 조예가 깊은 와인버그 교수는 이 책에서 우주의 처음 3분간에 있었던 이 엄청나고 극적인 사태 발전을 일반 독자들이 이해할 수 있도록 기술했다. 현대 자연과학이 전문화되어 일반대중은 물론 자연과학에 종사하는 사람들에게조차 이웃 분야의 급속한 발달이 생소해 보이는 이때, 물리학과 천문학의 최신 연구 업적을 일반 독자들을 위해 정확하고 간결하게 소개한 이 책은 우리 모두에게 큰 봉사가 되었다고 생각한다.

구미의 여러 저명한 과학자들이 "놀라운 책"이라 평하는 이 책을 읽고 받은 감명을 한국의 많은 독자들에게 전달하고자 이 번역본을 내게 되었다. 이 책이 1977년에 출간된 후, 저자가 20세기의 가장 중요한 발견의 하나라고 말하는 3K의 우주배경복사(3장)를 찾아낸 A. 펜지어스와 R. 윌슨은 1978년도 노벨물리학상을 받았고, 저자 자신도 약한 상호작용과 전자기적 상호작용을 통일하는 장이론(7장)을 발전시킨 공적으로 1979년도 노벨물리학상을 받았다.

이 책은 결코 쉽게 즐길 수 있는 것이 아니지만 저자의 진지한 논의를 참을성 있게 음미하면 독자의 노력은 반드시 보상될 것이며, 자세한 설명에 매력을 느낄 것으로 믿는다. 다만 역자는 원저의 뜻이 충분히 전달되지 못했을까 두려운 마음이다.

1981년 9월
역자 씀